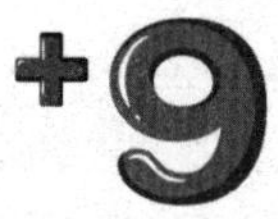

有趣得让人睡不着的

数学游戏

李异鸣 ◎ 主编

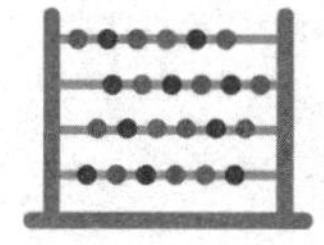

江苏凤凰美术出版社

图书在版编目（CIP）数据

有趣得让人睡不着的数学游戏/李异鸣主编. —南京：江苏凤凰美术出版社，2021.5
ISBN 978-7-5580-8652-6

Ⅰ.①有… Ⅱ.①李… Ⅲ.①数学—儿童读物 Ⅳ.①O1-49

中国版本图书馆CIP数据核字（2021）第082225号

责任编辑 李秋瑶
封面设计 沈加坤
责任监印 唐 虎

书　　名 有趣得让人睡不着的数学游戏
主　　编 李异鸣
出版发行 江苏凤凰美术出版社（南京市湖南路1号　邮编：210009）
出版社网址 http://www.jsmscbs.com.cn
印　　刷 天津文林印务有限公司
开　　本 787mm×1092mm　1/16
印　　张 11.75
版　　次 2021年5月第1版　2021年5月第1次印刷
标准书号 ISBN 978-7-5580-8652-6
定　　价 39.80元

营销部电话 025-58155675

序

数学游戏，越玩越聪明

恩格斯曾经说过："数学是思维的体操。"在学校教育中，数学对发展学生的智力、培养学生的能力，特别是培养人的思维能力方面，是其他任何一门学科都无法代替的。

虽然许多人都知道了数学的重要性，但从长期的教学实践中我们知道，很多学生学得并不轻松，特别是一些学生对数学的学习存在一些普遍的心理障碍。例如畏惧心理、急躁心理、自卑心理、厌学心理等，这些心理很大程度上制约了学生学习数学的主动性，影响了他们的学习效果。

本书将枯燥的数学知识融入游戏中，让孩子在游戏的过程中学习数学。

我想，可能有不喜欢学习的人，但应该没有不喜欢游戏的人。喜欢玩游戏的人，一般也都是比较聪明的人。聪明人学习，我们就要更多、更全、更好玩的数学游戏。

本书包括 400 多个游戏，真可谓多多益善。内容分为技巧运算、应用趣题、巧填智解、趣味几何、玩转思维、推理判断、智力快车、独特创意。这些数学游戏形式多样，难易结合，趣味无穷，寓教于乐。通过做这些数学游戏，你可以在享受乐趣的同时，全面提升观察力、分析力、判断力、想象力、创造力等各方面的能力，充分挖掘左右半脑的潜能。

现在还犹豫什么呢？赶紧加入吧。浅显易懂的文字说明、生动有趣的插图、缜密有趣的游戏，给你的头脑带来震撼性的冲击，好玩、有趣、刺激，这里就是你头脑思维的最佳训练场。

有趣得让人
睡不着的
数学游戏

目录

第一部分　技巧运算

第二部分　应用趣题

第三部分　巧填智解

第四部分　趣味几何

第五部分　玩转思维

第一部分　技巧运算

1. 数字表示

如果“6 千, 6 百, 6”可以写成 6606, 那么“11 千, 11 百, 11”可以写成多少?

2. 怎样组成 100

请你把下面这些数字用运算符号组成等于 100 的算式。

(1) 四个 9; (2) 六个 9; (3) 五个 1; (4) 五个 3; (5) 五个 5(两种组合)。

3. 4 的妙用

请你用 +、−、×、÷(/)、$\sqrt{\ }$ 这些运算符号, 把四个 4 组成从 1 到 10 之间的整数。

4. 重返 37

我们先看一个有趣的问题:

$37\times3=111$　　$37\times6=222$

$37\times9=333$　　$37\times12=444$

……

请你用六个 1、六个 2、六个 3…六个 9 分别组成一个算式, 使每个算式都等于 37。

5. 数 A 是多少

有一个有趣的五位数 A, 在数 A 的前面添上 1, 就得到一个六位数。在数 A 的末尾添上 1, 同样得到一个六位数。但是, 第二个六位数是第一个六位数的 3 倍, 求数 A。

6. 奇怪的三位数

王军是一个数学爱好者，没事的时候总喜欢钻研数学。一天，他到朋友李强家做客，聊天之余给李强出了一道题：有一个奇怪的三位数，减去 7 后正好被 7 除尽；减去 8 后正好被 8 除尽；减去 9 后正好被 9 除尽。你知道这个三位数是多少吗？李强埋头想了好久，但始终想不出结果。

亲爱的读者，你知道这个奇怪的三位数是多少吗？

7. 快速运算

根据 22×55=1210 和 222×555=123210，你能看出规律，不用计算就能写出下列算式的答案吗？

2222×5555=

22222×55555=

222222×555555=

2222222×5555555=

8. 规律运算

如果 123456789×（9）=1111111101，那么，你能不用计算就在下面的括号中填入合适的两位数使等式成立吗？

123456789×（　　）=2222222202

123456789×（　　）=3333333303

123456789×（　　）=4444444404

123456789×（　　）=5555555505

123456789×（　　）=6666666606

123456789×（　　）=7777777707

123456789×（　　）=8888888808

123456789×（　　）=9999999909

9. 7 和 9

7×9=

77×99=

777×999=

7777×9999=

77777×99999=

777777×999999=

7777777×9999999=

77777777×99999999=

777777777×999999999=

10. 计算结果

88×99=

888×999=

6666×9999=

66666×99999=

666666×999999=

5555555×9999999=

555555×999999=

55555×99999=

4444×9999=

444×999=

33×99=

3×9=

11. 算日期

小军是个数学爱好者，一天，他问好友小松：“今天是星期三，对吧？那么，你知道200天后是星期几吗？”小松想了一下，就知道了正确答案。

亲爱的读者，你知道了吗？

12. 测验平均分

盼盼在九次测验中的平均分是17分，如果第十次测验后，他十次的平均分是18分，那么，最后一次测验他得了多少分？

13. 平均重量

桌上放着四包糖，每次选出其中的三包，算出这三包的平均重量，再加上另一包的重量，用这种方法算了4次，分别得到8.8千克、9.6千克、10.4千克、11.2千克这四种重量，那么这四包糖平均每包重多少千克？

14. 两列数

有两列数，它们各自按一定的规律排列。第一列数是：3、5、7、9……第二列数是：4、9、14、19、24……，第一列数中的第1个数与第二列数中的第1个数相加是3+4；第一列数中的第2个数与第二列数中的第2个数相加是5+9；……那么两列数第80个数相加，是多少+多少？

15. 默想的数

一天早上，爸爸对约翰说：“你心里默想一个数，把它减去1，再把结果乘以2，然后再加上你默想的数。只要你说出运算的结果，我就能猜中你默想的数是多少。猜数的方法是：把说出的结果加上2，再把和除以3。”

你知道其中的奥秘吗？

16. 能被 7、8、9 整除的数

你能在 532 的后面加上三个数字，成为一个六位数的数字，并使这个六位数能被 7、8、9 整除吗？

17. 辨真假

在一次数学课上，老师对学生们说："你们每个人心里默想一个四位数。然后把这个数的第一个数字移到末位数的后面，得到一个新的四位数。再把这个新的四位数与你默想的数相加。例如，1234+2341=3575。好吧，按照这样的要求，只要你们告诉我结果，我就能知道你们的计算是否正确。

甲报：8612

乙报：4322

丙报：9867

丁报：13859

老师说，根据你们所报的数，除丙外，其余的都错了。

请问：老师是怎样判断的？

18. 能被 11 整除的特征

假定需要判断一个多位数是否能被另一个数整除，在通常情况下，不应该运用直接相除的方法。首先应该把多位数整除性的特征弄清楚。

一个多位数能被 11 整除，有这样的特征：

如果一个多位数,它的个位、百位、万位……上的数字的和，与十位、千位、十万位……上的数字的和相等，或者这两个和的差能被 11 整除，那么这个多位数就能被 11 整除。反之，如果这两个和不相等，或者这两个和的差不能被 11 整除，那么这个多位数就不能被 11 整除。

例如，判别 3528041 是否能被 11 整除。

S1=3+2+0+1=6

S2=5+8+4=17

S2−S1=11

S2−S1 能被 11 整除。根据法则，数 3528041 一定能被 11 整除。

根据上面的原理，请你解下面这个题目：

〔11（492+x）〕2=37a10201

19. 怎样分 45

把 45 分成四个数。第一个数加上 2，第二个数减去 2，第三个数乘以 2，第四个数除以 2，这样四个数就相等了。根据上面的要求，请你分一分。

20. 求余数

有一个数比 30 小, 它与 2 的差能被 3 整除, 它与 3 的和能被 4 整除, 它与 1 的和能被 5 除整除。这个数是多少?

21. 两个数的差

如果两个数的和是 80, 这两个数的积可以整除 4875, 那么这两个数的差是多少?

22. 三数相加

现在有四个数, 每三个相加, 则其和分别为 22、24、27 和 20。这四个数各是多少?

23. 找规律求结果

已 知 $1^3+2^3=9$, $(1+2)^2=9$; $1^3+2^3+3^3=36$, $(1+2+3)^2=36$……请你仔细观察上面的算式, 找出规律, 并迅速算出下面算式的答案:

(1) $1^3+2^3+3^3+\cdots\cdots+10^3$

(2) $1^3+2^3+3^3+\cdots\cdots+20^3$

24. 移动小数点

甲、乙两数的和是 19. 8, 如果把乙数的小数点向右移动一位, 这两个数的比是 1 ∶ 1, 原来甲、乙两数各多少?

25. 末尾的 0

在一次数学课上, 老师出了这样一道题目: 1×2×3×4×5……×99×100 的积的末尾有多少个 0？同学们想了好久, 还是无人作答。

你知道答案吗?

26. 马虎的小刚

小刚在计算除法时, 把除数 437 看成

457，结果得到的商是432，余数是139。正确的商和余数是多少？

27. 原两位数

在一个两位数的右边放一个6，组成的三位数比原来的两位数大294。原来的两位数是多少？

28. 商与余数

甲、乙、丙三数之和为100，甲数除以乙数，丙数除以甲数，得数都是5余1。乙数是多少？

29. 大数与小数

数学老师把两个数交给甲，让他用减法算，又把同样的两个数交给乙，让他用除法算。结果甲得29，乙是商3差1，大数不能被小数整除。请问这两个数各是多少？

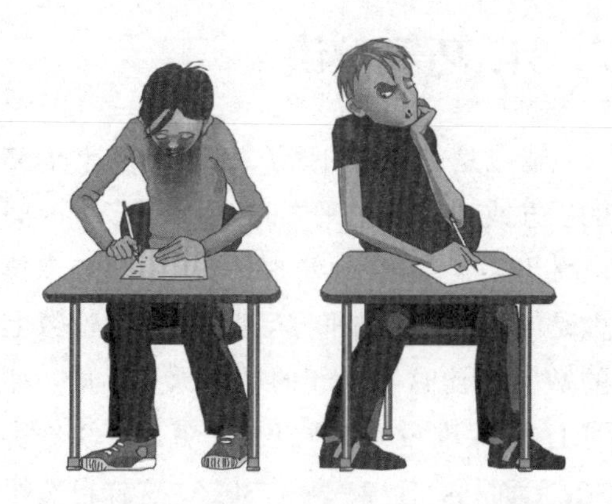

30. 数字魔术

元旦晚会上，同学们玩得非常尽兴。突然，班主任黄老师微笑着走到讲台前说："我给你们表演一个数字魔术吧！"说完，黄老师拿出一叠纸条，发给坐在下面的每一位同学，并神秘地说："你们每人在纸条上写上任意四个自然数（不能重复），我保证能从你们写的四个数中，找出两个数，它们的差能被3整除。"

黄老师的话音一落，下面就议论开来，很多同学都对此表示怀疑，不过还是按照老师说的话去做。没过多久，同学们都把数写好了，但是当同学们一个个念起自己写的四个数时，奇迹出现了。同学们写的数都能让黄老师找出了差能被3整除的两个数。

同学们，你们知道其中的秘密吗？

31. 巧算秘诀

威威是个聪明的孩子，最近他在计算35的平方或75、95的平方时，用不了多少时间就做出来了。原来他掌握了窍门，凡是末位数是5的两位数的平方运算，就把十位数上的数字与比这数大1的数相乘，后面一律写上25保准没错。例如55^2，就用5乘6得30，后面再添上25就是3025，这样自然快了。原来这样做是有根据的，你知道其中的原理吗？

32. 吃羊的速度

狼、熊和狮子在森林中的一棵大树下相遇，为了显示各自的本领，他们就相互炫耀起来。

狼说："如果有一只野羊，我6小时能吃完。"

熊哈哈大笑说："你需要的时间太长了，我只需要3小时就能吃完！"

狮子轻蔑地说："我比你还快！两个小时就能吃完一只野羊！"

那么，如果它们3个一块儿吃，用多少时间吃完一只野羊？

33. 小杰的秘密

星期天的下午，小浩去小杰家温习功课。复习了一段时间后，小杰神秘地对小浩说："我能用你出生那年的数字，通过一个简单的运算让它一定能被9除！不光是你，其他任何人的出生年份我都能做到！"小浩半信半疑地说："我是1992年出生的，你算算看？"

于是小杰用1992这四个数字相加得到21这个数，再用小浩的出生年1992减去这个和21，得出的数1971果然能被9整除。小浩对此感到非常困惑。

亲爱的读者，你知道奥秘何在吗？

34. 吉姆与汉斯

吉姆与汉斯两个人一起出门游玩，吉姆带的钱是汉斯的2倍，两个人进园各花去60元门票钱，吉姆的钱成了汉斯的3倍。你能根据上面提供的信息，算出他们各带了多少钱出门吗?

35. 三只家禽

暑假到了,小石跟着爸爸来到了乡下的爷爷家。爷爷养了1只鹅、1只鸭和1只鸡。小石问爷爷这三只家禽各有多少斤时,爷爷笑着说:“它们一共重16斤。其中最重的是鹅,鹅的重量减去鸭的重量正好是鸡的重量的平方。鸭的重量仅次于鹅,它的重量减去鸡的重量正好是鹅的重量的平方根。你自己算算鹅、鸭、鸡各有多重吧!”

36. 确定时间

王老师开了一个辅导班,甲、乙、丙三名学生定期到辅导班学习,甲隔3天去一趟,乙隔4天去一趟,丙隔6天去一趟。他们三人在“五一”这天正好都去了辅导班。请问下一次同时去辅导班是几月几日?

37. 撕掉的页码

一本书有45个页码,其中有一张不小心被人撕掉了,余下的各个页码的和正好是1000,被撕掉的两个页码分别是多少?

38. 插图

一本百科全书的第2页上有插图,以后每隔3页配一幅插图。那么第26幅插图应在第几页?

39. 剩余苹果

一篮苹果平均分给 6 个人，还余 5 个。现有一大筐苹果，它是这篮苹果的 4 倍，如果把这一大筐苹果分给 6 个人时，余几个苹果?

40. 神算

古代有个智谋过人的将军。一次，他把手下的将领召集在一起，说："你们中间不论谁，从 1 ~ 1024 中，任意选出一个整数，记在心里，我最多提 10 个问题，你们只要回答'是'或'不是'。10 个问题全答完以后，我就会将你心里记的是那个数'算'出来。"

话音刚落，一位副将从椅子上站了起来，他说自己已经选好了一个数。将军问道："你这个数大于 512 ?"副将答道："不是。"将军又接连向副将提了 9 个问题，副将都一一如实作了回答。

将军听了，最后说："你记的那个数是 1。"

你知道将军是怎样进行妙算的吗?

41. 和与差

小威是个数学迷，脑子里整天想着一些稀奇古怪的题目。一天，他站在课桌旁思考一道数学题：随意说出 2 个数字来，迅速算出它们的和减去它们的差的结果。比如，125 和 143，310 和 56。

思索了好一阵，小威终于找出了其中的规律。

亲爱的读者，你知道有什么规律吗?

42. 吹灭的蜡烛

张杰自从出生以来，每年生日的时候都会

有一个蛋糕，上面插着等于他年龄数的蜡烛。迄今为止，他已经吹灭了 231 只蜡烛。你知道张杰现在多少岁了吗？

43. 从 1 到 10 亿

传说高斯在十岁的时候，老师出了一个题目：1+2+3+……+99+100 的和是多少？老师刚把题目说完，高斯就算出了答案：这一百个数的和是 5050。原来，高斯是这样算的：把这一百个数的头和尾都加起来，即 1+100，2+99，3+98……，50+51，共 50 对，每对都是 101，总和就是 101×50=5050。

现在，请大家仔细想一想：从 1 到 1000000000，这 10 亿个数的数字之和是多少？

44. 连续的 0

不作具体的运算，请说出 1×2×3×4×…×98×99×100 的积中，从末位开始向前数，有多少个连续的 0？

45. 找数

你能找出同时能整除 999、888、777、666、555、444、333、222、111 这九个数的自然数吗？

46. 难找的数

有一个自然数，它与 168 的和恰巧等于某数的平方，它与 100 的和又等于另一个数的平方。你能找出这个自然数吗？

47. 特殊的等式

以不同的字母代表 0 到 9 之间的数，你能写出多少个形如 a+bc+def=ghij 算式来？（例如 4+35+987=1026）

48. 求四位数

一个四位数等于它的四个数字之和的四次方。你知道这个数是多少吗？

49. 拆数

把 45 拆成四个数（即这四个数的和为 45），要使甲数加上 2，乙数减去 2，丙数乘以 2，丁数除以 2 的结果都相等。应当如何拆？

50. 判断末二位数

你能判断下列运算中每一个积的末二位数是几吗？

3625×7825　　5876×8576

51. 怎样速算

请你找出解下列题目的简便方法，迅速将该题的准确结果算出来。

$$\frac{1234567890}{(1234567891)^2-(1234567890\times1234567892)}$$

52. 币值不同的硬币（难度题）

小明和小英做猜数游戏，具体操作是这样的：小英拿出两个币值不同的硬币，一个币值是偶数（如 2 分），另一个币值是奇数（例如 1 分或 5 分），让小明看过之后，背着小明把这两个硬币捏在手里，一只手捏一个。然后小英对小明说："你猜哪一只手里捏着偶数的钱币？"小明想了想说："这个很容易猜中。但是要有一个条件：就是要把右手中的币值数乘以 3，把左手中的币值数乘以 2，然后把这两个积相加。只要你告诉我，相加的和是偶数还是奇数，那么我就准能猜到你哪只手里的币值是奇数，哪只手里的币值是偶数。我可以断言，如果和是偶数，那么右手里捏的就是偶数的硬币，如果和是奇数，那么左手里捏的币值就是偶数的硬币。"

小明的结论是对的吗？如果你认为是对的，请说明其中的奥秘。

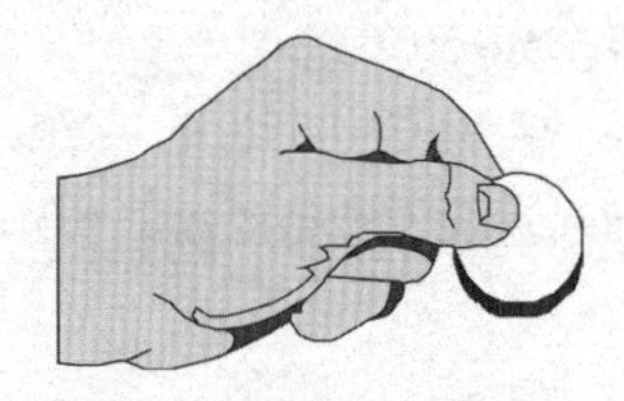

53. 求一个数

求这样一个数：它乘上 12 后再加上它的立方，等于这个数平方的 6 倍再加上 35。

54. 两个数的和等于它们的积

整数对的两个数字的和等于这两个数字的积。求符合条件的所有数对。

55. 有趣的分数

如果给$\frac{1}{3}$的分子与分母都加上它的分母，那么得到的这个分数$\frac{3+1}{3+3}$就成为原分数的两倍。

把两个分数的分子与分母分别加上它们的分母，使这两个分数是原分数的 3 倍、4 倍。求这两个分数是多少。

56. 99 和 100

在数字 987654321 之间，添上几个加号，使得到的和等于 99。在数字 1234567 之间，添上几个加号，使得到的和等于 100。不准改变数字的次序，请你找出这两个问题的解。

57. 大多少倍

有两个不相等的数，如果从每个数都减去小的数的一半，那么余下的大数是余下的小数的 3 倍。请问：大数是小数的几倍？

58. 比值问题

松松是个数学迷，闲暇之余经常研究数学。这天，他又碰到了一道题：比的前项缩小 3 倍，后项扩大 3 倍，那么它的比值就缩小几倍？他略略想了一下，就得出了结果。

亲爱的读者，你知道答案了吗？

59. 最简整数比

甲、乙二人各有钱若干元，若甲拿出他所有钱的 20%给乙，则两人所有的钱数正好相等，那么原来甲、乙二人所有钱数的最简整数比是多少？

60. “1”的个数

请你分析一下，在组成 1 到 1000 这一千个自然数中，总共需要多少个数字“1”（不用写出来）？

61. 求比值

有一个比的比值是 2，这个比的前项后项与比值的和是 11。请问这个比是多少？

62. 粗心的学生

一个学生在求出 5 个连续自然数的平均数后，却不小心将这个平均数和 5 个数混在一起，求出了这 6 个数的平均数。那么，你能不能算出第二个平均数和正确平均数的比值是多少？

63. 找次品

有十盒乒乓球，球的外表颜色、体积大小完全一样。由于球的壁厚不同，其中有一盒乒乓球每个重量是九克，其余九盒乒乓球每个重量都是十克。你能只称一次，从这十盒乒乓球里面挑出每个重量是九克的那一盒乒乓球来吗？

64. 聪明的小孙子

爷爷已经退休了，每天教小孙子读书学习，小孙子虽然只有五岁，却非常聪明，小小年纪学到了许多东西。

有一天，祖孙两人到文化用品商店买了 10 支普通铅笔、12 支带颜色的铅笔、8 支画图铅笔和 4 支毛笔。当时，两人只听清楚普通铅笔价格每支 8 分，带颜色铅笔每支 1 角 2 分，其余两种笔的售价没听清。当祖孙俩刚要问清那两种笔价钱时，营业员已经将发票开好了，一共需要 4 元 5 角。

爷爷正预备付钱，不料小孙子对营业员说，这笔钱的总数算错了，请您再算一遍。营业员又重新算了一遍，结果发现真是算错了。亲爱的读者，你知道小孙子是怎样发现营业员算错的吗？

65. 猜与算

周末的晚上，小敏的爸爸给了她 5 根火柴，并对她说：“你把火柴分成两份，一份放在左手，一份放在右手。我能猜出来哪只手的火柴是单数。”

小敏把手背在身后，按爸爸的意思做了。爸爸说：“把左手的火柴根数乘以 2，右手的火柴根数乘以 3。把两个积加起来，告诉我是几？”小敏答道：“12。”爸爸微笑着说道：“左手的火柴根数是单数，对不对？”小敏高兴地说：“猜对了！猜对了！再试一次。”小敏把手里的火柴数重分了一下。爸爸说：“这一回你把左手的火柴根数乘以3,右手的火柴根数乘以6。把两次的积加起来是几？”小敏答：“21。”爸爸冲她一笑：“那左手的火柴根数还是单数。”小敏兴奋地喊道：“又对了！爸爸，快告诉我，你是怎么猜的？”

爸爸加重语气说：“我不是猜出来的，而是算出来的。你先想一想，我再告诉你。”

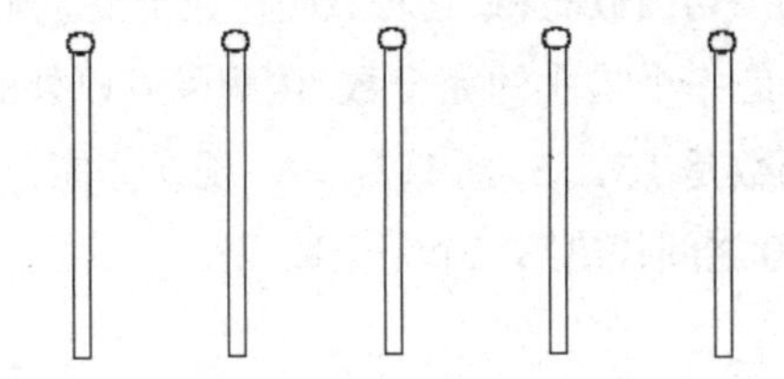

66. 殊途同归

放学后，汪老师和几个小朋友做数学游戏。汪老师说：“请大家在心中认定一个数，只要按照我说的去做，最后大家一定都能得到同一个答案。这叫作‘殊途同归’。”大家按照她说的去做，算的结果果然都是一样。

比如，小刚认定的数字是 7，汪老师先是叫小刚加 8，然后把和乘以 2，又减去 10……，最后三步总是：①把求得的数乘以 9；②把所得的积的各位数字连续相加，直到变作个位数为止；③把这个个位数加上 1。汪老师说：“你们算的答案都是 10。”

亲爱的读者，你能根据小刚的记录，说出其中的缘由吗？

67. 五个数字

你能否用五个相同的数字写出等于 10 的等式来吗？能写出多少个？（可以运用各种数学符号）

68. 多个数的乘积

计算 $\underbrace{9999\cdots9}_{1993\text{个}9}\times\underbrace{9999\cdots9}_{1993\text{个}9}$ 的乘积的各个数位的数字之和是几。

69. 乒乓球的个数之和

把乒乓球装在 6 个盒中，每盒装的个数分别为 1 个、3 个、9 个、27 个、81 个、243 个。从这 6 盒中，每次取其中 1 盒，或取其中几盒，计算乒乓球的个数之和，可以得到 63 个不同的和。如果把这些和从小到大依次排列起来，是 1 个、3 个、4 个、9 个、10 个、12 个……，那么第 60 个和是多少个？

70. d 的最值

有 a、b、c、d 四个不同的自然数，而且 a ＜ b ＜ c ＜ d。又知道 a 比 b 小 5，d 比 c 大 7，这四个数的平均数是 17，那么 d 的最大值是多少？最小值又是多少？

71. 找数的个数

在小于 5000 的自然数中，能被 11 整除，并且数字和为 13 的数，共有多少个？

72. 奇数或偶数

（1）99 个连续的自然数相加，其和是奇数还是偶数？

（2）99 个连续的奇数相加，其和是奇数还是偶数？

（3）99 个连续的偶数相加，其和是奇数还是偶数？

73. 完全数

如果整数 a 能被整数 b 除尽，那么 b 就叫作 a 的一个因数。例如 1、2、3、4、6 都是 12 的因数。有一种数，它恰好等于除去它本身以外的一切因数的和，这种数叫作完全数。例如，6 就是一个最小的完全数，因为除 6 以外的 6 的因数是 1、2、3，而 1+2+3=6。现在你能在 20 与 30 之间找出第二个完全数吗？

74. 求二位数

一个二位数，如果把它的个位数字与十位数字互换，所得的二位数是原数的 4.5 倍。这个二位数是什么？（不准列方程求解）

75. 四个连续自然数

四个连续自然数的乘积是3024。请你通过分析和推理，找出这四个数。

76. 八个奇数组和

把四个奇数相加，使得到的和等于10，那么很容易找到这四个数，就是：

1+1+3+5=10　　1+1+1+7=10

1+3+3+3=10

共有三种可能的解法（当然，如果改变数的次序，还可以得到另外的解）。

根据以上方法（不考虑负数），要求把八个奇数相加，使得到的和等于20。请找出这个题目所有不同的解法，不同的解法共有几个？

77. 及格的人数

有若干学生参加数学竞赛，每个学生的得分都是整数。已知参赛学生所得的总分是4729分，并且前三名的分数分别是88分、85分、80分，最低分是30分；又知道没有与前三名得分相同的学生，其他任何一个分数，得到这个分数的都不超过3人。那么在这次竞赛中至少有多少名学生得分不低于60分？

78. 巧算年龄

小丽天资聪慧，她掌握了一种方法，能很快算出别人的年龄和出生月份。

兵兵想考考她，问："你猜我现在多少岁？是几月出生的？"

小丽说："你把你自己的年龄用5乘，再加6，然后乘以20，再把出生月份加上去，再减掉365，之后把结果告诉我。"

兵兵按照她说的算了一会儿说："最后得1262。"

小丽听了说："你今年15岁，7月生的，对不对？"

兵兵连连点头："还真神了！佩服！佩服！"又问："你用的是什么方法？能不能告诉我啊？"

小丽说："可以。你只要把被猜者所报告的数加上245，所得的4位数中千位和百位上

的数字是他的年龄，十位和个位的数字是出生月份。”

兵兵听了后赶紧去试验，果然非常准确。

亲爱的读者，你知道其中的原理吗？

79. 找规律

小松对小勇说：“数字相同的两位数乘以99，积是四位数，对吗？”小勇答道：“对！”小松又说：“任何数字相同的两位数乘以99后，只要你告诉我积里个位、十位、百位、千位中任何一位的数字是几，我就可以知道积是多少。”小勇相信小松说的话是正确的，但却找不出其中的奥妙。

亲爱的读者，你知晓其中的奥秘吗？假定积里十位上的数字是5，那么积是多少？被乘数是多少？

80. 禅师的念珠

智能禅师胸前挂了一串念珠，总共有100多颗。每当念经时，禅师拿在手里，3颗一数，正好数尽；5颗一数，余3颗；7颗一数，也余3颗。你能算出禅师的念珠一共有多少颗吗？

81. 书的页数

印刷厂的排版工人在排版时，一个数字要用一个铅字。例如15，就要用2个铅字；158，就要用3个铅字。现在知道有一本书在排版时，光是排出所有的页数就用了铅字6869个，你知道这本书的页数有多少吗？（封面、封底、扉页不算在内）

82. 母子的年龄

王阿姨带着3个淘气的儿子去公园玩。小军问王阿姨孩子们的年龄，王阿姨说：“老大的年龄是两个弟弟年龄之和。孩子们与我年龄的乘积是孩子个数的立方的1000倍再加上孩子个数的平方的10倍。”小军稍稍想了一会，便知道了孩子们的年龄，也知道了王阿姨的年龄。

亲爱的读者，你想出来了吗？

83. 长跑的速度

学校在下个月要举行运动会，小杨报名参加男子1000米长跑比赛，他请体育老师帮他训练，成绩有了显著提高，时间比原来缩短了五分之一，你能算出他的速度提高了几分之几吗？

84. 被 9 整除

一个口袋里装着编号为 1 到 8 的 8 个球。现在随机地将 8 个球先后全部取出，从右到左排成一个 8 位数，比如 63487521，它正好能被 9 整除。你知道这样随机排成的 8 位数，能被 9 整除的概率是多少吗？

85. 采购文具

期末考试考完后，学校综合评定每一位学生，决定给三好学生颁发奖品。负责采购的老师到文具店买奖品。售货员向老师推荐了铅笔、钢笔、橡皮和圆珠笔等物品。老师发现 2 支圆珠笔和一块橡皮是 3 元；4 支钢笔和一块橡皮是 2 元；3 支铅笔和 1 支钢笔再加上一块橡皮是 1.4 元。请问：如果老师各种文具都买一种，加在一起要多少钱？

第一部分　技巧运算答案

1. 数字表示

因为“6 千, 6 百, 6” 可以写成 6606, 即 $6\times1000+6\times100+6=6606$, 那么“11 千, 11 百, 11” 为 $11\times1000+11\times100+11=12111$。

2. 怎样组成 100

(1) $99+\frac{9}{9}$　　(2) $99+\frac{99}{99}$

(3) $111-11$　　(4) $33\times3+\frac{3}{3}$

(5) $5\times5\times5-5\times5$　　$(5+5+5+5)\times5$

3. 4 的妙用

$\frac{4+4}{4+4}=1$; $\frac{4}{4}+\frac{4}{4}=2$; $\frac{4+4+4}{4}=3$; $4+4\times(4-4)=4$; $\frac{4+4\times4}{4}=5$; $\frac{4+4}{4}+4=6$; $4+4-\frac{4}{4}=7$; $\frac{(4+4)\times4}{4}=8$; $4+4+\frac{4}{4}=9$; $4+4+4-\sqrt{4}=10$。

4. 重返 37

组成的每个算式如下:

$111\div(1+1+1)=37$;

$222\div(2+2+2)=37$;

$333\div(3+3+3)=37$;

……

$999\div(9+9+9)=37$。

5. 数 A 是多少

在数 A 的前面添上 1, 即 A+100000; 如果在数 A 的末尾添上 1, 即 A×10+1。

由题目的条件, 得:

$\frac{10A+1}{A+100000}=3$

$7A=299999$

$A=42857$

6. 奇怪的三位数

这个数是 504。

你刚看到这道题的时候, 也许觉得它很难,但你结合题意仔细想一想的话,就会发现,其实这是一道非常简单的乘法题。因为这个三位数既能被 7 整除, 又能被 8 整除, 还能被 9 整除, 说明它同时是 7、8、9 的整倍数。所以, $7\times8\times9=504$。

7. 快速运算

$2222\times5555=12343210$

$22222\times55555=1234543210$

$222222\times555555=123456543210$

$2222222\times5555555=12345676543210$

8. 规律运算

18; 27: 36; 45; 54; 63; 72; 81

9. 7 和 9

$7\times9=63$

$77\times99=7623$

$777\times999=776223$

$7777\times9999=77762223$

$77777\times99999=7777622223$

$777777\times999999=777776222223$

$7777777 \times 9999999 = 77777762222223$

$77777777 \times 99999999 = 7777777622222223$

$777777777 \times 999999999 = 777777776222222223$

10. 计算结果

$88 \times 99 = 8712$

$888 \times 999 = 887112$

$6666 \times 9999 = 66653334$

$66666 \times 99999 = 6666533334$

$666666 \times 999999 = 666665333334$

$5555555 \times 9999999 = 55555544444445$

$555555 \times 999999 = 555554444445$

$55555 \times 99999 = 5555444445$

$4444 \times 9999 = 44435556$

$444 \times 999 = 443556$

$33 \times 99 = 3267$

$3 \times 9 = 27$

11. 算日期

一个星期是 7 天, 200 天中含有 28 周零 4 天。已知今天是星期三, 那么 28 周后还是星期三, 再往后 4 天, 就是星期天。

12. 测验平均分

前九次测验的总分为 $17 \times 9 = 153$ 分, 十次测验的总分共为 $18 \times 10 = 180$ 分, 则最后一次得分为 $180 - 153 = 27$ 分。

13. 平均重量

设四包糖分别重 a、b、c、d, 则有:

$\frac{a+b+c}{3} + d = 8.8$

$\frac{a+c+d}{3} + b = 9.6$

$\frac{a+b+d}{3} + c = 10.4$

$\frac{d+b+c}{3} + a = 11.2$

根据这四个算式得出 $2a+2b+2c+2d=40$

即 $a+b+c+d=20$

再除以 4, 所以, 这四包糖平均每包重 5 千克。

14. 两列数

观察两列数排列的规律, 我们不难发现: 第一列数是从 3 开始、公差为 2 的数列, 因此第一列数的第 80 个数是 $3+2 \times (80-1) = 161$。第二列数是从 4 开始、公差为 5 的数列, 因此第二列数的第 80 个数是 $4+5 \times (80-1) = 399$。

由此我们可以知道这两列数的第 80 个数相加是 $161+399$。

15. 默想的数

设默想的数为 x, 运算的结果为 y。

列出下列关系式:

$2(x-1)+x=y$

$x=\frac{y+2}{3}$

只要知道了运算结果 y 是多少, 就可以根据上式算出你默想的数是多少。

16. 能被 7、8、9 整除的数

这六位数只要能被 7、8、9 的乘积整除, 它就能分别被 7、8、9 整除。$7 \times 8 \times 9 = 504$, $523000 \div 504$, 商得 1037, 余数是 352。$504-352=152$, 523000 差 152 就能被 504 整除。

所以 $523000+152=523152$

或 $523000+152+504=523656$

523152、523656 都能满足题目的条件。

17. 辨真假

根据题目已知条件, 我们只要把默想的数写成 $1000a+100b+10c+d$, 把第一个数字 a 移到数的最后, 就成为 $1000b+100c+10d+a$。这两个数的和就是:

$1000a+100b+10c+d+1000b+100c+10d+a$

$=1001a+1100b+110c+11d$。

这里我们不难发现，在上面的和里，每一项都能被 11 整除。

在甲、乙、丙、丁所报的数里，只有丙报的结果能被 11 整除。所以，丙报的结果是正确的。

18. 能被 11 整除的特征

很明显，等式的右边能被 11 整除，等式左边也能被 11 整除。

$a+3=1+2+1+7$

所以 $a=8$

$11(492+x)=\sqrt{37810201}$

$11(492+x)=6149$

$x=67$

19. 怎样分 45

这四个数是 8、12、5、20。

20. 求余数

$4\times5+3\times5\times3+3\times4\times2-60=29$

这个数是 29。

21. 两个数的差

$4875=3\times5\times5\times5\times13$

由此我们可以得出这两个数是：5 与 75 或 15 与 65。这两个数的差是 70 或 50。

22. 三数相加

如果设其中某个数为 x，则其他三个数很难用 x 的式子表示出来。现在有一个巧妙的方法，那就是设四个数之和为 x，则这四个数分别为 x–22，x–24，x–27，x–20。列方程：

$(x-22)+(x-24)+(x-27)+(x-20)=x$

$x=31$

求出了 x 的值以后，可以很快求出这四个数。

这四个数分别为 9、7、4、11。

23. 找规律求结果

（1）$1^3+2^3+3^3+\cdots\cdots+10^3=(1+2+3+\cdots\cdots+10)^2=55^2=3025$

（2）$1^3+2^3+3^3+\cdots\cdots+20^3=(1+2+3+\cdots\cdots+20)^2=210^2=44100$

24. 移动小数点

把乙数的小数点向右移动一位，这两个数的比是 1 ∶ 1，说明这时这两个数相等，那么原来甲数一定是乙数的 10 倍，则乙是 19.8÷（10+1）=1.8，甲：1.8×10=18。

所以甲数为 18，乙数为 1.8。

25. 末尾的 0

这 100 个因数中是 5 的倍数的有 5、10、15……95、100，共有 20 个，其中 25、50、75、100 又是 25 的倍数，各有两个 5，所以乘积中共有 5 的个数是 20+4=24（个）。因此，乘积的末尾共有 24 个连续的 0。

26. 马虎的小刚

要求正确的商和余数，就必须先求出被除数，可用商和除数相乘再加余数的方法求出被除数，再用它除以 437 便可得到正确的答案：（432×457+139）÷437=197563÷437=452……39

所以正确的商是 452，余数是 39。

27. 原两位数

根据题意，形成的三位数比原来的两位数的 10 倍还大 6，即比原来的两位数多 6 倍还大 6，也就是说，294 是原来两位数的 9 倍还大 6，所以原来的两位数是：（294–6）÷（10–1）=32。

28. 商与余数

因甲、丙两数都与乙数有关，所以设乙

数为 x。根据题意可知，甲数为 5x+1，丙数为（5x+1）×5+1，列方程，得：

$5x+1+x+25x+6=100$

$31x+7=100$

$x=3$

所以乙数是 3。

29. 大数与小数

由题目已知条件“甲得 29”可知大数比小数多 29；又因“乙是商 3 差 1，大数不能被小数整除”，可知（大数 +1）后正好是小数的 3 倍。那么小数为：（29+1）÷（3–1）=15。大数为：15+29=44。

所以大数是 44，小数是 15。

30. 数字魔术

因为任意一个自然数被 3 除，余数只能是 0、1、2 这三种可能。如果把自然数按被 3 除后的余数分类，只能分为三类，而黄老师让同学们在纸条上写的却是四个数，那么必有两个数的余数相同。余数相同的两个数相减（以大减小）所得的差，当然能被 3 整除。

31. 巧算秘诀

将末位数是 5 的两位数的十位上的数字设为 x，这个数就是 10x+5，那么

$(10x+5)^2=100x^2+100x+25=100x(x+1)+25$。这正是威威巧算平方数的原理。

32. 吃羊的速度

狮子 1 小时吃$\frac{1}{2}$只羊，熊 1 小时吃$\frac{1}{3}$只，狼一小时吃$\frac{1}{6}$只，那么$\frac{1}{2}+\frac{1}{3}+\frac{1}{6}=1$，所以它们吃完这只羊需要 1 个小时。

33. 小杰的秘密

设出生年的四个数分别为 a、b、c、d，那么出生年可以用 1000a+100b+10c+d 表示出来，这四个数字之和表示为 a+b+c+d，所以用（1000a+100b+10c+d）–（a+b+c+d），得 999a+99b+9c=9×（111a+11b+c），当然一定能被 9 整除了。

34. 吉姆与汉斯

设吉姆的钱为 x，汉斯的钱为 y。

则 $x=2y$

$x-60=3(y-60)$

通过解方程组，可得 y=120，x=240

所以吉姆带了 240 元，汉斯带了 120 元。

35. 三只家禽

设鹅、鸭、鸡的重量分别为 x、y、z，那么根据爷爷的话，可以列出下面的方程组：

$x+y+z=16$，$x-y=z^2$，$(y-z)^2=x$。

解方程组得：x=9，y=5，z=2

所以可以知道鹅重 9 斤、鸭重 5 斤、鸡重 2 斤。

36. 确定时间

甲、乙、丙三人每隔 3 天、4 天、6 天去一趟，也就是分别 4 天、5 天、7 天去一趟，所以到下一次同时去的天数应是 4、5、7 的最小公倍数，那么可以求得 4、5、7 的最小公倍数为 140，140÷30=4……20。因为五月、七月、八月都是 31 天，20–3=17，所以下一次同时去辅导班的月份是 5+4=9，日子是 17+1=18。

下一次同时去辅导班是 9 月 18 日。

37. 撕掉的页码

我们可以先求出 1 至 45 个页码的和是多少，看比 1000 少多少，就可得被撕掉的页码和。

那么 1 至 45 个页码的和比 1000 多：（1+45）×45÷2–1000=35。

因为被撕掉的一张纸的两个页码应是相邻的两个自然数，因此这两个页码应是17、18。

38. 插图

第2页上有插图，以后每隔3页配一幅插图，也就是每两幅图的页码数相差4页，第1幅图在第2页，第2幅图应在2+4页，第3幅图应在2+4×2页，……第26幅图应在：2+4×25=102页。

所以第26幅插图应在102页。

39. 剩余苹果

一筐苹果平均分给6个人余5个，一大筐苹果的个数是小筐的4倍，分给6个人时，原来余的个数就扩大4倍是20，20个苹果再分到不够分时，余下的数就是所求的答案，也就是20÷6=3……2。

即把这一大筐苹果分给6个人时，余2个苹果。

40. 神算

对1024这个数一半一半地取，即取到第10次时，就能够找到所需要的数。

41. 和与差

(a+b)－(a–b)=2b。

当从两个数的和中减去这两个数的差时，就是从两个数的和中减去了较大数比小数多的一部分，得到的结果是两个较小数的积，也就是较小数的2倍。

42. 吹灭的蜡烛

21岁。

方法很简单，就是将从1开始以后的连续自然数相加，到210的时候，最后一个数字是21。

43. 从1到10亿

可在这10亿个数前面加一个“0”，再把前面10亿个数两两分组：

999999999和0　　999999998和1

999999997和2　　999999996和3

依此类推，一共可分成5亿组，各组数字之和为9+9+9+9+9+9+9+9+9+0=9+9+9+9+9+9+9+9+8+1=…=81。最后一个数1000000000不成对，它的数字之和为1。

所以这10亿个数的数字之和为：

(500000000×81)+1=40500000001

44. 连续的0

在 1×2×3×4…×98×99×100 中，10×20×30×40×50×60×70×80×90×100 的积的末11位都是0。又因为任何5的整倍数乘以偶数的末位数是0，所以5、15、35、45、55、65、85、95乘以8个偶数后都在末位数得0。再有，$25=5^2$ 和 $75=3\times5^2$ 乘以任何4的倍数后其末二位数也都是0，所以25、75乘以4的倍数后可在末尾得4个0。

积的末尾连续的0的个数等于上述所有乘数的末尾连续0的个数之和，所以，积的末23(即11+8+4)位都是0。

45. 找数

很明显，能整除这九个数的自然数，必定能整除111。反之，由于999、888……333、222分别是111的9倍、8倍……3倍、2倍，因此一个数如果能整除111，那么它必定能整除其他八个数。因此，问题就转化为找能整除111的数。因为111=3×37=1×111，所以符合要求的自然数有四个，即1、3、37、111。

46. 难找的数

设这个自然数为x，它与168的和是m的平方；与100的和是n的平方。即

$168+x=m^2$，　$100+x=n^2$

把这两式相减，可以得到 $m^2-n^2=68$，也就是 $(m-n)(m+n)=68$。

因为 $68=2\times2\times17$，所以它作为两个因数的乘积有下列三种情况：

$1\times68=68$　$2\times34=68$　$4\times17=68$

由于 100 与 168 都是偶数，因此不论 x 是奇数还是偶数，m 和 n 要么都是奇数，要么都是偶数，而绝不会出现一个是奇数，一个是偶数的现象。由此我们可以推得 m+n 以及 m−n 必然都是偶数。

这样，在上面分析的三种情况中，符合条件的只剩下 $2\times34=68$，于是可得：

$m-n=2$　　$m+n=34$

解这个二元一次方程组，得 m=18，n=16。至此，我们从 $168+x=m^2$ 或 $100+x=n^2$ 都可以得到 x=156。

47. 特殊的等式

因为 $a+b+c+d+e+f+g+h+i+j=45$ 能被 9 整除，所以 $2\times ghij=a+bc+def+ghij=g\times1000+(d+h)\times100+(b+e+i)\times10+(a+c+f+j)=999g+99(d+h)+9(b+e+i)+45$ 能被 9 整除。于是 ghij 必然能被 9 整除。

另外，由算式 a+bc+def=ghij 可知：d 必为 9（否则等式左边三项之和不可能为四位数），g 必为 1（a+bc 不会超过 100），h 必为 0。

根据上面的分析可知：ghij 只能为 1026、1035、1053、1062。由此可写出下列算式：

4+35+987=1026　3+45+978=1026

2+46+987=1035　2+64+987=1053

3+74+985=1062

48. 求四位数

由于 $10^4=10000$ 是一个五位数，因此这个四位数的四个数字之和一定要比 10 小。再由于 $5^4=625$ 还仅是一个三位数，因此这个四位数的四个数字之和又要比 5 大。于是，这个四位数的四个数字之和只有 6、7、8、9 四种可能。根据 $6^4=1296$，$7^4=2401$，$8^4=4096$，$9^4=6561$，我们可以马上找到所要求的四位数是 2401。即 $2401=(2+4+0+1)^4$。

49. 拆数

设甲数为 x，那么乙数、丙数、丁数就分别是 $(x+2)+2$，$\frac{x+2}{2}$，$2(x+2)$，得：

$x+(x+2)+2+\frac{x+2}{2}+2(x+2)=45$

求得 x=8

则其他三数分别为 12、5、20。

50. 判断末二位数

任何两个数的积的末二位数，仅与这两个数的末二位数的积有关。

因为 $25\times25=625$，所以 3625×7825 的末二位数是 25。

因为 $76\times76=5676$，所以 5876×8576 的末二位数是 76。

51. 怎样速算

设：n=1234567891，原式就成为：

$$\frac{n-1}{n^2-[(n-1)(n+1)]}$$

因为：$n^2-[(n-1)(n+1)]=1$

所以：$\frac{n-1}{n^2-[(n-1)(n+1)]}$

$=n-1$

$=1234567890$

52. 币值不同的硬币

小明的结论是对的。

假定偶数的硬币捏在右手里，而奇数的硬币捏在左手里，那么偶数乘以 3 依然是偶数，奇数乘以 2 同样是偶数，而两个偶数的和一定是偶数。在这种情况下，右手里捏的是偶数硬币。

假定奇数的硬币捏在右手里，偶数的硬币在左手里，那么奇数乘以 3 依然是奇数，而偶数乘以 2 必定是偶数。奇数与偶数的和一定是奇数。在这种情况下，右手里捏的就是奇数硬币。

53. 求一个数

设所求的数为 x，据题意得：

$x^3+12x=6x^2+35$

$x^3+12x-6x^2=35$

我们可以把上式配成两数差的立方公式，即：

$x^3+12x-6x^2-8=27$

$(x-2)^3=33$

两边开立方，得：

$x-2=3$

$x=5$

因此所求的数是 5。

54. 两个数的和等于它们的积

设数对的两个数字为 x、y，根据题目已知条件得：

$x+y=xy$ 或 $xy-x-y+1=1$

$x(y-1)-(y-1)=1$

$(y-1)(x-1)=1$

因为两个整数的积等于 1，所以只有下面两种情况：

(1) $x-1=1$　　$x=2$

$y-1=1$　　$y=2$

(2) $x-1=-1$　$x=0$

$y-1=-1$　　$y=0$

55. 有趣的分数

设原分数分别为$\frac{b}{a}$、$\frac{d}{c}$

$\frac{b+a}{a+a}=3\frac{b}{a}$，$\frac{b}{a}=\frac{1}{5}$；

$\frac{d+c}{c+c}=4\frac{d}{c}$，$\frac{d}{c}=\frac{1}{7}$。

56. 99 和 100

9+8+7+65+4+3+2+1=99；

9+8+7+6+5+43+21=99；

1+2+34+56+7=100；

1+23+4+5+67=100。

57. 大多少倍

设大数为 A，小数为 B，根据题意可得：

$A-\frac{B}{2}=3(B-\frac{B}{2})$

$A=2B$

所以大数是小数的 2 倍。

58. 比值问题

一个比的前项缩小 3 倍，如果后项不变，那么这个比的比值就缩小 3 倍；一个比的前项不变，如果它的后项扩大 3 倍，那么这个比的比值也一定要缩小 3 倍，这样它们的比值就缩小 9 倍。

59. 最简整数比

把甲的钱数看作“1”，甲拿出他所有钱数的 20%，那么甲就剩下他所有钱的 80%，这时甲、乙二人所有的钱数正好相等，那么乙原有的钱数就相当于甲现有钱数的 80% -20% =60%，所以甲、乙二人原来所有钱数的比则是 1 ∶ 60% =5 ∶ 3。

60. “1”的个数

我们可以把 1 到 1000 这一千个自然数分成三个部分进行分析：1 ~ 99、100 ~ 999 以及 1000。

先分析 1 到 99。这九十九个数又可分成 1 ~ 9、10 ~ 19、20 ~ 29……90 ~ 99 十组。显

然除 10 ~ 19 这一组需 11 个"1"外，其余九组每组都只需 1 个"1"。也就是说，组成 1 到 99 共需 20 个数字"1"。

再来研究 100 到 999。把这九百个数分成九组：100 ~ 199、200 ~ 299、300 ~ 399……900 ~ 999。不难看出，其中 200 ~ 299、300 ~ 399……900 ~ 999 这八组，每一组一百个数中，需要数字"1"的个数与 1 到 99 相同，也就是 20 个。因此 200 ~ 999 共需数字"1"160 个。而 100 ~ 199 这一组需要"1"的个数显然比 1 ~ 99 多 100 个，也就是 120 个。于是组成 100 ~ 999 这九百个自然数需数字"1"280 个。

最后，再加上 1000 这个数中的那个"1"，总共需要数字"1"的个数为 301。

61. 求比值

比的前项、后项与比值的和是 11，所以 11-2=9，就是比的前项与后项的和，根据题意可知比的前项是后项的 2 倍，所以前项与后项的和一定是后项的 2+1=3 倍，因此可很快得知这个比是 6 ∶ 3。

62. 粗心的学生

可假设这五个数分别为 x、(x+1)、(x+2)、(x+3)、(x+4)

原平均数是：

[x+(x+1)+(x+2)+(x+3)+(x+4)]÷5=(5x+10)÷5=x+2

第二个平均数是：

[x+(x+1)+(x+2)+(x+3)+(x+4)+(x+2)]÷6=(6x+12)÷6=x+2

所以第二个平均数和正确平均数的比值是 1。

63. 找次品

把十盒乒乓球从第一盒到第十盒依次排好。然后从第一盒里取出一个、第二盒里取出两个、第三盒里取出三个……依次类推，在十盒里取出的球数共计五十五个，放在秤盘上称一次。每个乒乓球按 10 克计算，应是 550 克。550 克减去实际重量的这个差数，就是每个重量为 9 克的这一盒乒乓球的次序数了。如：少 1 克，就是第一盒；少 2 克就是第二盒；少 3 克就是第三盒……依次类推。

64. 聪明的小孙子

这道题解答的关键是数的整除性。普通铅笔与带颜色铅笔的单价都是 4 的倍数，虽然画图铅笔与毛笔的单价没有听清，但是购买的支数却是 4 的倍数，因此，总钱数必然也是 4 的倍数。现在发票上的价格是四元五角，很显然，它是不能被 4 除尽的，所以，小孙子一看就知道营业员把账算错了。

65. 猜与算

两只手里拿着 5 根火柴，肯定一只手里是奇数，另一只手里是偶数。第一次猜的时候，先假设左手里的火柴是偶数，那么，偶数 × 偶数 = 偶数，右手的火柴一定是奇数，而奇数 × 奇数 = 奇数。两次的积之和：偶数 + 奇数 = 奇数，而小敏的回答是偶数 12，与假设不符。因而左手里的火柴不是偶数，而是奇数。

第二次也先假设左手是偶数，偶数 × 奇数 = 偶数，右手是奇数，奇数 × 偶数 = 偶数。两个积加起来应该是：偶数 + 偶数 = 偶数。而小敏的回答是奇数 21，与原设不符。因而可判定左手里的仍是奇数。

66. 殊途同归

"9"有个特点，就是任何数乘以 9，所得的积的各位数字一直连加到个位数，也一定是 9。所以通过最后三步的前两步的运算，就能达到得数殊途同归——为 9 的目的。至于前面的一系列加减运算目的，也是避免被乘数为 0，对游戏者进行迷惑；最后一步的加几，也是为了迷惑读者，这一步加几的得数，要靠心数，如，加 1 等于 10、加 2 等于 11，以此类推。

67. 五个数字

等式如下：

$\frac{11}{1}-\frac{1}{1}=10$　$\frac{22}{2}-\frac{2}{2}=10$

$\frac{33}{3}-\frac{3}{3}=10$　$\frac{44}{4}-\frac{4}{4}=10$

$\frac{55}{5}-\frac{5}{5}=10$　$\frac{66}{6}-\frac{6}{6}=10$

$\frac{77}{7}-\frac{7}{7}=10$　$\frac{88}{8}-\frac{8}{8}=10$

$\frac{99}{9}-\frac{9}{9}=10$

$2+2+2+2+2=10$

$3+3+3+\frac{3}{3}=10$

$(4+\frac{4}{4})\times(\frac{4}{\sqrt{4}})=10$　$5+5+\frac{5-5}{5}=10$

$7+\frac{7+7+7}{7}=10$　$8+\frac{8+8}{\sqrt{8\times8}}=10$

$9+\frac{99}{99}=10$　$9+99^{9-9}=10$

$(9+\frac{9}{9})^{9/9}=10$

68. 多个数的乘积

做这道题不能蛮算，我们不妨先从简单的算起，从中找出规律。

例如，$9\times9=81$，积的数字和是 $8+1=9$；

$99\times99=9801$，积的数字和是 $9+8+1=18$；

$999\times999=998001$，积的数字和是 $9+9+8+1=27$；

$9999\times9999=99980001$，积的数字和是 $9+9+9+8+1=36$；

……

从上面的计算结果中我们不难看出，一个因数中 9 的个数决定了积的各个数位的数字之和是几。

9×9 的每个因数中有 1 个 9，那么积的各个数位的数字和就是 1 个 9；

99×99 的每个因数中有 2 个 9，那么积的各个数位的数字和就是 2 个 9，即等于 18；

999×999 的每个因数中有 3 个 9，那么积的各个数位的数字和就是 3 个 9，即等于 27；

因此题中要求 $\underbrace{9999\cdots9}_{1993个9}\times\underbrace{9999\cdots9}_{1993个9}$ 乘积的各个数位的数字之和就是 1993 个 9，即等于 $9\times1993=17937$。

69. 乒乓球的个数之和

根据题意，我们很容易将第 63 个乒乓球个数之和计算出来，而第 60 个乒乓球个数之和与它相差不多，倒推回去，也能够很快算出结果。

由题目已知条件可知，第 63 个乒乓球个数之和是：

$1+3+9+27+81+243=364$，

于是第 62 个乒乓球个数之和应该是：

$364-1=363$；

第 61 个乒乓球个数之和应该是：

$364-3=361$；

第 60 个乒乓球个数之和应该是：

$364-3-1=360$。

70. d 的最值

因为四个数的平均数是 17，所以这四个数的和就是 $17\times4=68$。

要使 d 最大，那么 a 就要尽量小。因为这四个数都是自然数，所以 a 最小为 1。又因为 a 比 b 小 5，所以这时 $b=6$。c 与 d 的和是 $68-1-6=61$。由题知 d 比 c 大 7，那么 d 是 $(61+7)\div2=34$，即 d 的最大值是 34。

a 比 b 小 5，d 比 c 大 7，a、b、c、d 四个数之和是 68，而 $68+5+7$ 之和正好是 b 与 d 的和的 2 倍，因此 b 与 d 的和是 $(68+5+7)\div2=40$。要使 d

最小，那么 a、b、c 就要尽量大，而 b 与 c 的差应该尽量小，而 b 与 c 的差最小是 1，这样 b 与 d 之差就是 1+7=8。由此得出 d 的最小值是：(40+8)÷2=24。

所以 d 的最大值是 34，最小值是 24。

71. 找数的个数

由题目已知条件可以知道，符合条件的数不可能有一位数及两位数。在三位数及四位数中，奇、偶数位上数字之和的差不可能是 0，只能是 11。

因此在三位数中，只有十位数字为 1，个位与百位数字之和为 12 的一些数。于是得出符合要求的数共有 7 个：

319、913、418、814、517、715、616。

在四位数中有(3+9)－(1+0)=11，(4+8)－(1+0)=11，(5+7)－(1+0)=11，(6+6)－(1+0)=11。于是得出符合要求的数有：

1309、1903、3091、3190、1408、1804、4081、4180、1507、1705、1606，共 11 个数。

综合起来小于 5000 的数共有 7+11=18 个，其数字和为 13，并且能被 11 整除。

72. 奇数或偶数

(1) 如果 99 个连续的自然数的最小一个为奇数，则 99 个自然数中有奇数 50 个、偶数 49 个。而每两个奇数相加的和为偶数，偶数与偶数相加还是偶数，所以这时 99 个连续自然数相加的和为偶数。

如果 99 个连续的自然数的最小一个为偶数，则 99 个自然数中有偶数 50 个、奇数 49 个。奇数和偶数的和为奇数，所以这时 99 个连续自然数相加的和为奇数。

(2) 99 个连续的奇数相加，由于两个奇数相加是偶数，而偶数加奇数仍为奇数，所以 99 个连续的奇数相加，其和仍为奇数。

(3) 偶数相加依然还是偶数，所以 99 个连续的偶数相加，其和仍是偶数。

73. 完全数

20 与 30 之间的完全数是 28。

因为除 28 以外的 28 的因数是 14、7、4、2、1，而 1+2+4+7+14=28。

74. 求二位数

首先能够确定的是这个二位数一定大于 10。

再根据 23×4.5=103.5＞100，所以这个二位数一定小于 23。

由于这个二位数的 4.5 倍仍是整数，可以肯定这个二位数一定是偶数。

交换数字后的二位数是原二位数的$\frac{9}{2}$倍，所以交换数字后的二位数一定是 9 的倍数。这样，原来的二位数也一定是 9 的倍数。

而小于 23 且是 9 的倍数的二位数只有 18，由此可得所求的二位数是 18。

75. 四个连续自然数

首先，可以确定的是所求的四个自然数中没有 10，否则积的个位数是 0，不是 4。

其次，这四个数不可能都大于 10，否则这四个数的积就要大于 10×10×10×10=10000，为五位数。

综合上面两点可知，这四个数只能都小于 10。

再由 5 和任何偶数相乘的积的个位数是 0 或 5，因而又知这四个数中也没有 5。

这样，可能的四个数只有 6、7、8、9 或 1、2、3、4。

经验算，1、2、3、4 的积为 24，不符合条件；6、7、8、9 的积为 3024，符合条件。

所以 6、7、8、9 就是所求的四个连续自然数。

76. 八个奇数组和

根据题目的条件，加数是八个奇数。那么我们先从最大的加数开始讨论：

19、17、15 都不能作为加数，因为其中无论是哪一个数作加数，与其他七个奇数之和都大于 20。如果取 13 作为加数，再加上七个 1，就可得：

13+1+1+1+1+1+1+1=20；

如果第一个加数是 11，那么第二个加数不可能是 9、7、5。11+3=14，再加上六个 1 就得到 20。因此得到第二个解：

11+3+1+1+1+1+1+1=20；

如果第一个加数是 9，那么 7 不能作为第二个加数（9+7=16，还余 4，四个 1 不可能排成六个加数），可以是 5，就是 9+5=14，还有六个加数是六个 1。得到第三个解：

9+5+1+1+1+1+1+1=20；

如果第一个加数是 9，第二个加数是 3，即 9+3=12，还缺 8。如果还有六个加数都是 1，不是 20，所以再加上一个 3。9+3+3=15，再加五个 1。得到第四个解：

9+3+3+1+1+1+1+1=20；

进行类似的讨论，分别假定第一个加数是 7、5、3，然后再加上 5、3、1，总共得到的解有 11 个。

13+1+1+1+1+1+1+1=20；

11+3+1+1+1+1+1+l=20；

9+5+1+1+1+1+1+l=20；

9+3+3+l+1+1+1+1=20；

7+7+1+1+1+1+1+1=20；

7+5+3+1+1+1+1+1=20；

7+3+3+3+1+1+1+1=20；

5+5+5+1+1+1+1+1=20；

5+5+3+3+1+1+1+1=20；

5+3+3+3+3+1+1+1=20；

3+3+3+3+3+3+1+1=20。

77. 及格的人数

根据题目已知条件可得，不及格的学生最多占去的分数是：

（30+31+32+……+58+59）×3=4005（分）

除去不及格的及前三名学生的得分，还有

4729−4005−88−85−80=471（分）

再从这 471 分中依次去掉 3 个 79 分，3 个 78 分，得：

471−79×3−78×3=0（分）

这说明得 79 分的有 3 人，得 78 分的有 3 人。再加上前三名学生，及格的人总共有 9 个，这就是说，至少有 9 人不低于 60 分。

78. 巧算年龄

小丽的计算方式是：（年龄 ×5+6）×20+ 月份 −365=x，可变成：5×20× 年龄 +6×20+ 月份 −365=x，也就是：100× 年龄 + 月份 −245=x。

从这个式子就可以看出，若 245 这一项没有的话，则头两项之和组成的 3 位或 4 位数，年龄在前两位上，月份在后两位上（或个位上），所以把答案加 245 就等于把 245 这一项消除了，当然可以立即知道对方的年龄和月份了。

79. 找规律

11×99=	1	0	8	9
22×99=	2	1	7	8
33×99=	3	2	6	7
44×99=	4	3	5	6
55×99=	5	4	4	5
66×99=	6	5	3	4
77×99=	7	6	2	3
88×99=	8	7	1	2
99×99=	9	8	0	1

从这个表中，我们不难发现其中的规律：

(1) 积的千位上的数字与十位上的数字相加是 9；而积的百位上的数字与个位上的数字相加也是 9。

(2) 积的百位上的数字总比千位上的数字小 1；而个位上的数字总比十位上的数字大 1。

(3) 被乘数的数字总与积的千位上的数字相同。

知道了这些规律后，我们就可以抛开这个表，很快确定积中的其余三个数字。

根据题目的条件，积的十位上的数字是 5，千位上的数字就是 4，百位上的数字就是 3，个位上的数字就是 6。由此得到：4356。

被乘数的数字与积千位上的数字相同，它是 44。

80. 禅师的念珠

设念珠总数为 m，3 颗一数为 x 次，5 颗一数为 y 次，7 颗一数为 z 次。

那么 $m=3x=5y+3=7z+3$

$x=\frac{5y}{3}+1$

$z=\frac{5y}{7}$

能被 3 和 7 整除的最小数为 21，所以推算出 y=21。

由此可知 $m=5\times21+3=108$（颗）。

81. 书的页数

我们可以认真分析一下，页数可分为一位数、两位数、三位数……

一位数有 9 个，使用 $1\times9=9$ 个铅字；

两位数有（99–9）个，使用 $2\times90=180$ 个铅字；

三位数有（999–90–9）个，使用 $3\times900=2700$ 个铅字；

以此类推。

我们再判断一下这本书的页数用到了几位数。因为从 1 到 999 共需用铅字 $9+2\times90+3\times900=2889$ 个，从 1 到 9999 共需用铅字 $9+2\times90+3\times900+4\times9000=38889$ 个，而 $2889<6869<38889$，所以这本书的页数用到四位数。

排满三位数的页数共用了铅字 2889 个，排四位数使用的铅字应有 $6869-2889=3980$（个），那么四位数的页数共有 $3980\div4=995$（页）。因此这本书共有 $999+995=1994$（页）。

82. 母子的年龄

母子年龄的乘积是：

$3^3\times1000+3^2\times10=27090$。将其分解，可以得到：$43\times7\times5\times32\times2$。因为老大的年龄是两个弟弟的年龄之和，所以上面的乘积只能做出这样的合并：$43\times14\times9\times5$。这样母子 4 人的年龄就全算出来了：母亲是 43 岁，老大是 14 岁，老二是 9 岁，最小的孩子是 5 岁。

83. 长跑的速度

我们可以慢慢进行分析，因为速度 × 时间 = 路程，1000 米是固定不变的，所以速度和时间是成反比例的量，时间比原来缩短了，速度自然提高了。训练后所用的时间应是原来时间的 $(1-\frac{1}{5})=\frac{4}{5}$。那么速度就是原来速度的$\frac{5}{4}$。所以速度应该提高了：$\frac{5}{4}-1=\frac{1}{4}$。

84. 被 9 整除

概率为 1，即每一个随机排列的数字都能被 9 整除。

因为任何一个数除以 9 所得的余数正好等于组成这个数的所有数字相加再除以 9 的余数，而 1 到 8 之和是 36，除以 9 的余数为 0。所以不管怎样排列，所得到的数字都能被 9 整除。

85. 采购文具

可设铅笔每支 x 元，钢笔每支 y 元，圆珠笔每支 z 元，橡皮每块 q 元，我们再根据题意可以得到下列式子：

（1）$2z+q=3$

（2）$4y+q=2$

（3）$3x+y+q=1.4$

我们把（1）×1.5 可以得到 $3z+1.5q=4.5$

把（2）/2 可得 $2y+0.5q=1$

把三者加起来就是 $3x+3y+3z+3q=6.9$，再除以 3 可得 $x+y+z+q=2.3$（元）

所以，如果各种文具都买一种，需要 2.3 元。

第二部分 应用趣题

86. 喝汽水

一瓶汽水1元钱，喝完后两个空瓶换一瓶汽水。现在小明身上有20元钱，问：他最多可以喝几瓶汽水？

87. 买饮料

27个运动员在参加完比赛后，口干舌燥，于是去商店买饮料，商店里有一项规定：用3个空瓶可以再换一瓶饮料。问：为了保证一人喝一瓶，他们至少要买多少瓶饮料？

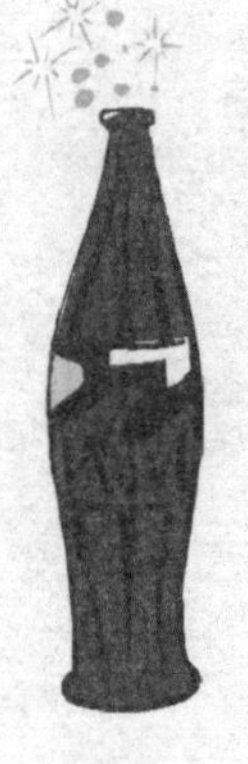

88. 背香蕉

有只猩猩在森林里的一棵香蕉树上摘了100根香蕉，堆在了地上。猩猩家离这堆香蕉有50米，它打算把这些香蕉背回家，每次最多能背50根，可是猩猩嘴巴很馋，每走1米要吃1根香蕉。问：猩猩最多能背多少根香蕉回家？

89. 一张假钞

一位商人买了一件衣服，花费了70元，后加价12元售出。一个偶然的机会，他发现购买者支付的那张100元是假钞，商人非常懊恼。请问：商人在这次交易中损失了多少钱？

90. 赛跑

甲、乙、丙三人参加百米赛跑，当甲、乙一起比赛的时候，甲跑到终点时，乙离终点还有10米。当乙、丙一起比赛的时候，乙跑到终点时，丙离终点还有10米。现在甲和丙一起比赛，请问当甲到达终点时，丙还差多少米到达终点呢？

91. 油和瓶的重量

一个人买了一瓶油，他不知道油的重量是多少，只知道油和瓶子共重 3.5 千克。当他用掉一半油的时候，油和瓶子重 2 千克。请问：原来瓶中的油有多重？瓶子多重？

92. 吝啬鬼的金币

有一个吝啬鬼积攒了一些金币，他每天都要拿出来数一遍，只有这样才会让他安心。他数金币的方法有点特别：分别按 2 个一数，3 个一数，4 个一数，5 个一数，6 个一数，每次数完都剩一枚；最后他再按 7 个一数，这次一个也不剩了。

请问：吝啬鬼至少有多少个金币呢？

93. 老师猜数

在一次数学课上，老师为同学们表演了一个小节目：他拿出上面分别写有 1~9 数字的两副同样的卡片（共十八张），将它们混起来后，请一个同学将其中的一张抽去（不让老师看见上面写的数字）；接着，老师把其余的卡片交给另一个同学，请这个同学背着自己，摊开卡片，取出每两张加起来的和为 10 的卡片，等只留下最后一张时，把这张卡片给自己看一下。结果，老师看了那最后的一张卡片以后，马上就说出了第一个同学抽去的卡片上的数字。你能说出其中的诀窍吗？

94. 男孩和女孩的数量

一些小朋友正在老师的指导下学习游泳。男孩子戴的都是天蓝色游泳帽，女孩子戴的都是粉红色游泳帽。在每一个男孩子看来，天蓝色游泳帽与粉红色游泳帽一样多；而在每一个女孩子看来，天蓝色游泳帽比粉红色游泳帽多一倍。根据上面的条件，你能算出男孩子与女孩子各有多少个吗？

95. 算年龄

今年，王军的父亲和王军的年龄加起来是110岁。当王军的年龄与王军父亲现在的年龄一样大的时候，王军的年龄就是王军儿子现在年龄的9倍，而那时王军儿子的年龄比王军现在的年龄大4岁。问：王军的儿子现在几岁？

96. 狗跑的距离

某边防站甲、乙两哨所之间相距15公里。一天，这两个哨所的巡逻小队接到上级的指示，同时从各自的哨所出发，相向行进。甲哨所巡逻小队的速度是每小时5.5公里，乙哨所巡逻小队的速度是每小时4.5公里。乙哨所的巡逻小队刚出发，他们带的一只狗便飞快地往甲哨所方向跑去。它遇到甲哨所巡逻队以后，马上转身往回跑。跑到乙哨所巡逻队面前后，又赶紧转身向甲哨所方向跑去……就这样，这只狗以每小时20公里的速度，不间断地在这两巡逻队之间奔跑，直到这两队哨兵会合为止。问：这只狗来回一共跑了多少公里？

97. 汽车的速度

司机在汽车行驶的某一时刻，看到里程计上指出的数目是一个对称数15951（所谓对称数就是从左到右和从右到左读起来都是一样的数）。四小时后，里程计上又出现了一个新的对称数。问：这辆汽车行驶的速度是多少？

98. 买鱼

甲、乙、丙三人合买一条鱼，甲要鱼头，乙要鱼尾，丙要鱼身。这条鱼的头重2斤，鱼身重是头尾重的和，尾重是半头半身的和。鱼的牌价是：鱼头5元一斤，鱼尾3元一斤，鱼身的单价是头尾的和。他们三个每人该付多少钱呢？他们想了好久也不知道结果。这时，有一个老者从此经过，当他知道了这一情况后，很快就帮他们算出了每人应付的钱数。

亲爱的读者，你知道怎么算吗？

99. 冰水的体积

冰融化成水后，它的体积减小$\frac{1}{12}$，那么当水再结成冰后，它的体积会增加多少呢？

100. 节省木料

班里有一些桌椅坏了，老师请来了一位木匠师傅。他找来一根长254.5厘米的木料来修理桌椅。如果每修一张桌子要用43厘米长的木料一段，修一把椅子要用37厘米长的木料一段，每截一段要损耗5毫米。那么为了使用料最节省，木匠师傅应该把这根木料锯成修桌子和椅子用的木料各多少根呢？

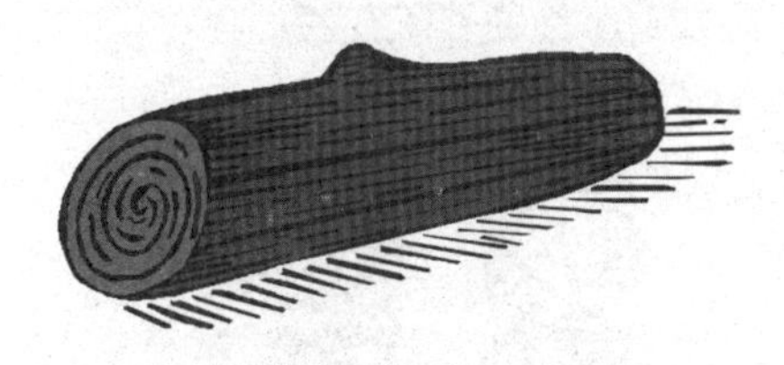

101. 相隔的时间

小刚乘18路电车到市博物馆参观。在车上，他发现每隔一分半钟就有一辆18路电车迎面开来。如果所有18路电车的速度都相等，那么18路车从市博物馆起点站每隔几分钟开出一辆车？

102. 列车

甲、乙两人在铁路轨道旁边背向而行，速度都是每小时3.6公里。一列火车匀速地向甲迎面驶来。列车在甲身旁开过用了15秒钟，而后在乙身旁开过用了17秒钟。问：这列火车的长度是多少？

103. 篮球比赛

某区中学生举行篮球比赛，有9个队参加。现采用循环赛制，并分别到9个学校的球场进行比赛。

问：平均每个学校有几场比赛？

104. 羊的数量

牧羊人赶着一群羊在草地上放牧，有一个过路人牵着一只肥羊从后面跟了上来。他对牧羊人说：“你赶的这群羊大概有一百只吧？”牧羊人答道；“如果这一群羊加上一倍，再加上原来这群羊的一半，又加上原来这群羊的四分之一，连你牵着的这只肥羊也算进去，才刚好凑满一百只。”你知道牧羊人放牧的这群羊一共有多少只吗？

105. 客人与碗

有一位老奶奶在洗碗，旁人看见以后问她为何要用这么多碗？她答道：家中来了不少客人，他们每两人合用一只菜碗，每三人合用一只汤碗，每四人合用一只饭碗，共用了65只碗。请问：她家来了多少客人？

106. 十元钱

小刚徒步去新华书店为大家选购科普读物，身上只带着十元钱。由于事先不知道都有什么书，更不知道每本书的价钱，因此他的钱是这样准备的，共有四枚硬币、八张纸币。只要书的总价不超过十元钱，不论是几元几角几分，都能用他带的钱马上凑出来。

想想看，小刚带的是哪几种硬币、哪几种纸币。

107. 爷爷的年龄

课外活动时间，小红和小艳坐在一起聊天。小红问起了小艳爷爷的年龄，小艳风趣地说："我爷爷现在的年龄等于六年以后的岁数的六倍减去六年以前的岁数的六倍。

你知道小艳的爷爷有多大吗？

108. 蚂蚁搬食物

一只蚂蚁外出寻找食物，突然发现了一堆米饭，它赶紧回洞招来10个伙伴，可还是弄不完。每只蚂蚁回去各找来10只蚂蚁，大家再搬，还是剩下很多。于是蚂蚁们又回去叫同伴，每只蚂蚁又叫来10个同伴，但仍然搬不完。蚂蚁们再回去，每只蚂蚁又叫来10个同伴。这一次，终于把这堆食物搬完了。

你知道搬这堆米饭的蚂蚁一共有多少只吗？

109. 模范小组

某工厂有一个模范小组，这个小组由1名组长和9个组员组成。每个组员平均一天装配15辆汽车，而组长比全组的平均装配量多装配9辆。那么，这个小组在一个工作日内一共可以装配多少辆汽车？

110. 绳子的长度

森林里有一棵大树，用一根绳子绕树1圈，绳子剩下3米；如果绕树2圈，绳子差1米。绕树3圈需要几米长的绳子？

111. 捉害虫的青蛙

有两只青蛙比赛捉害虫，大青蛙比小青蛙捉得多。如果小青蛙把捉的虫子给大青蛙3只，则大青蛙捉的就是小青蛙的3倍。如果大青蛙把捉的害虫给小青蛙15只，则两只青蛙捉的害虫一样多。请问：大小青蛙各捉了多少只害虫？

112. 香蕉的数量

小猴子摘了一些香蕉运回家后，开始享受香蕉的美味。已知小猴吃掉的香蕉比剩下的多4根，过了一会它又吃掉了一根香蕉，这时吃掉的是剩下的3倍。问：小猴子一共有多少根香蕉？

113. 多项运动

某班有学生50人，其中35人会游泳，38人会骑车，40人会溜冰，46人会打乒乓球。那么这班至少有多少人以上四项活动都会？

114. 学生的人数

三（2）班在期末考试中，数学有10人得了100分，英语有12人得了100分，这两门功课都得100分的有3人，两门功课都未得100分的有26人。那么三（2）班有学生多少人？

115. 攒钱计划

小丽和小刚是优秀少先队员，他们决定向雷锋叔叔学习，把零用钱攒起来，以后寄给希望工程。小丽现有5元钱，她计划每年节约11元；小刚现有3元，他打算每年节约12元。那么，请你好好想一想，他们俩几年后钱数能一样多吗。如果他们俩准备一起凑足100元，则需要多少年？

116. 水中航行

一只小船在流水中航行，第一次顺水航行20千米，又逆水航行3千米，共用了4小时；第二次顺水航行了17.6千米，又逆水航行了3.6千米，也用了4小时。求船在静水中的速度和水流速度。

117. 十字路口

有两条公路呈十字交叉，甲从十字路口南1350米处往北直行；乙从十字路口处向东直行。二人同时出发，10分钟后，二人离十字路口的距离相等；二人仍按照原来的速度继续直行，又过了80分钟，这时二人离十字路口的距离又相等。求甲、乙二人的速度。

118. 平均速度

一个人骑着自行车往返A、B两地，去时速度是15公里/小时，回来时速度是10公里/小时，这个人来回的平均速度是多少？

119. 方砖铺地

装潢师傅用方砖为新房铺地，每块砖边长0.5米，需768块。若改用每块边长0.4米的方砖来铺这块地，需用多少块？

120. 小明读书

小明读一本书，上午读了一部分，这时已读的页数与未读页数的比是1∶9；下午比上午多读6页，这时已读的页数与未读页数的比变成了1∶3。这本书共有多少页？

121. 烧煤问题

学校锅炉房运进一批煤，第一天烧去总重的20%多500千克，第二天烧去余下的20%多500千克，还剩下500千克。这堆煤共多少千克？

122. 配药水

实验室有含药80%的药液20克，要配成含药5%的药水，需要加入清水多少克？

123. 忘带的钱包

小斌去离家1600米的公园同他的朋友见面，见面时间是下午1点20分。小斌正好是1: 00时出门，他以每分钟80米的速度向公园前进，但是在1: 05的时候，小斌的弟弟发现小斌的钱包忘带了，于是便以每分钟100米的速度追了出去。另外，小斌在1∶10时也发现忘了带钱包，于是又以每分钟80米的速度返回。终于两人碰面了。小斌从弟弟那拿到了钱包，再向公园前进，仍然以每分钟 80 米的速度前进。

那么，小斌会迟到多长时间呢？（两人交接钱包的时间忽略不计）

124. 打野猪

有五个猎人是非常要好的朋友，他们经常一起去打猎。有一天他们一起去打野猪。在晚上整理猎物的时候，发现 A 与 B 共打了 14 只野猪，B 与 C 共打了 20 只野猪，C 与 D 共打了 20 只野猪，D 与 E 共打了 12 只野猪。而且，A 和 E 打的野猪的数量一样多。然后，C 把他的野猪和 B、D 的野猪放在一起平分为三份，各取其一。然后，其他人也这么做。D 同 C、E 联合，E 同 D、A 联合，A 同 E、B 联合，B 同 A、C 联合。这样分下来，每个人获得的野猪的个数一样多，并且在分的过程中，没有出现把野猪分割成块的现象。那么，你能算出每个人各打了多少只野猪吗？

125. 喝茶

张先生去女朋友家做客，女朋友给他倒了一杯茶，张先生喝到一半时女朋友又给他兑满开水；又喝了一半时，女朋友再次兑满开水；又经过同样的两次过程，最终喝完了。

请计算这位张先生一共喝了多少杯茶。

126. 接粉笔

周老师的桌上有 9 支粉笔。当一支粉笔用到只剩原来的$\frac{1}{3}$时，就很难再用。但周老师却有办法应付，到有足量的粉笔头可以接起来做一支新粉笔时，她就能用一种特殊的方法，将它们接起来做成一支新粉笔。

如果周老师每天只用一支粉笔，那么 9 支粉笔可以让周老师用几天？

127. 掺水的酒

一家酒厂每天早晨都要将 128 升的酒桶盛满酒，然后去四个不同的酒店送酒，每个酒店需要的数量相同。送完第一家，他会用水将酒桶灌满，接着，他到第二家送，送完后，再用水把酒桶灌满。每送完一家就用水把酒桶灌满，直到四家酒店都被送到为止。四家送完以后，桶中还剩下纯酒（兑水前的酒）$40\frac{1}{2}$升。请问：这四个酒店各分到了多少纯酒？

128. 小珍的出生年份

1980年，小珍过了生日以后，她的实足年龄恰好等于组成她出生年份的四个数字之和。你知道小珍是在哪一年出生的吗？

129. 锯木料

有一根木料长369毫米，要把它锯成长39毫米和长69毫米两种规格的小木料。每锯一次要损耗1毫米的木料。问：这两种规格的木料各锯几段，才能使浪费最少？

130. 参加会议的人

参加会议的同志见面时都要握手问好。如果每一个人都和其他所有的人握一次手，一共握手136次，那么你知道参加会议的有多少人吗？

131. 分水果糖

在“六一”到来之际，学校派人买了一些水果糖，准备分发给小朋友们。但是在分糖时，遇到了问题。开始按照每包分10粒，分到最后的一包只有9粒；如果按照每包分9粒，那么最后一包只有8粒；每包分8粒时，最后一包只有7粒；如果每包分7粒，那么最后又余6粒；如果每包6粒，余5粒……如果每包3粒，余2粒。

亲爱的读者，你知道水果糖至少有多少粒吗？

132. 四只船

码头里停靠着四只轮船，它们在同一天离开港口。已知：第一只船每经过四个星期返回这个港口；第二只船每经过8个星期返回这个港口；第三只船每经过12个星期返回港口；第四只船每经过16个星期返回港口。请问：这四只船重新一起回到这个港口最少需要多长时间？

133. 儿子的年龄

父亲31岁时，他的儿子是8岁。现在父亲的年龄是儿子的两倍，请问儿子有多大？

134. 面包和钱币

甲、乙、丙三个人一起吃面包，甲拿出五个面包，乙拿出三个面包，丙没有面包，便从口袋里拿出了八个钱币。他们把八个面包平均分成三份，每人吃一份，八个钱币应该由甲、乙两人分。在分钱币时，他们的意见发生了分歧，乙对甲说："根据面包的多少，我应该得到三个钱币，你得五个钱币。"甲不同意这样分法，他说："我应该得到七个钱币，你得一个钱币。"究竟怎样分才合理，你知道吗？

135. 蜗牛爬行的天数

有一堵墙高12尺，一只蜗牛从墙脚往上爬，它白天往上爬3尺，而晚上又要下降2尺，爬到墙顶需要多少天？如果墙高20尺，蜗牛爬到墙顶需要多少天？

136. 有多少个零件

张师傅把一批毛坯加工成零件。每加工6个毛坯所得到的刨屑经过熔化，还可以做成一个毛坯，用这种方法加工36个毛坯，可以做成多少个零件？

137. 火车的长度

两列火车在平行的轨道上迎面行驶。第一列火车的速度是36公里/小时，第二列火车的速度是45公里/小时。一位乘客坐在第二列火车上，看到第一列火车从旁边经过，从开始到结束走了6秒钟。问：第一列火车有多长？

138. 运送粮食的问题

某粮站接到上级下达的一个重要任务，要求从甲地调拨一批粮食运送到乙地，并且规定在第二天的上午11点准时送到。这个粮站接受任务后，马上准备好汽车，并作了仔细研究。从甲地到乙地，如果同一时间出发，汽车以 30 公里/小时的速度行驶，那么到达乙地是上午 10 点；如果用 20 公里/小时的速度行驶，那么到达乙地是中午 12 点。请问：从甲地到乙地的距离是多少？假定出发时间不变，那么汽车应该用怎样的速度行驶才能保证在上午 11 点准时到达乙地？

139. 衣服的价值

一个店主雇了一个工人。工人为他工作一年可以得到 12 元的工资和一件衣服的报酬。但是，这个工人只在这个商店劳动了 7 个月就离开了，他离开时要求拿走一件衣服。因此店主根据原来商定的报酬，计算了一下，给了工人一件衣服和 5 元钱。请问：一件衣服值多少钱？

140. 两棵树的距离

小明在院里栽了桃、柏、杏树各一棵，它们呈三角形。他量了一下，桃树与柏树之间的距离是 6.87 米，柏树与杏树之间的距离是 0.75 米，桃树与杏树之间的米数恰好是一个整数。请问：这个整数是多少？

141. 三堆火柴

桌上放着三堆火柴，一共有 48 根。从第一堆里取出同第二堆数量相等的火柴并入第二堆，再从第二堆里取出同第三堆数量相等的火柴并入第三堆，然后又从第三堆取出同第一堆现有数相等的火柴并入第一堆。这样一来，三堆火柴数目就完全相等了。原来每堆火柴各有多少根？

142. 里程碑

小刚坐在汽车上，汽车在匀速运行中，小刚看见窗外里程碑从眼前晃过，碑上标着两位数。经过一小时，小刚又看见一块里程碑，碑上同样标着两位数，只是跟第一次看见的两位数的位置换了一下。又经过一小时，小刚再次瞧见一块里程碑，碑上标着三位数，只是在第一次瞧见的两位数字中间添了一个0。小刚沉思了片刻后微微笑着说：“我知道了汽车行驶的速度。”

亲爱的读者，你知道汽车的行驶速度吗？

143. 分苹果

母亲在集市上买了一些苹果，回到家后分给了三个儿子，大儿子得到苹果总数的一半加半只，二儿子得到剩下的一半加半只，小儿子得到留下来的一半加半只。母亲在分苹果时并没有把苹果切开。问：每个儿子得到几只苹果？

144. 共有多少步

小丽是小红最要好的朋友，她很想知道她的家与小红的家的距离是多少，于是她用步数去测量。她先用双步计数，走到一半路程时她又改用三步计数。已知得到的双步数比三步数多250。请问：从小丽家到小红家共有多少步？

145. 蚊子飞的路程

有两个自行车运动员在甲、乙两个城市的公路上骑车迎面而行，进行比赛。两个运动员之间的距离为300里。比赛开始时，一只蚊子从第一个运动员的肩上滑过向前飞去，当它飞到与对面来的第二个运动员相遇时，便马上返回又向第一个运动员飞去，而当它飞到与第一个运动员相遇时，再返回飞向第二个运动员。蚊子不知疲倦地这样来回飞，一直飞到两个运动员相遇时为止。最后它在一个运动员的鼻子上停了下来。蚊子在两个运动员之间来回飞行的速度是每小时100里，运动员的速度是每小时50里。请问蚊子一共飞行了多少里？

146. 两支蜡烛

有两支蜡烛，长短和粗细不同。长的蜡烛

点燃后可以照明 $3\frac{1}{2}$小时，短的（比较粗）蜡烛可以照明 5 个小时。把两支蜡烛同时点燃两个小时后，它们剩下来的长度相等。问：长蜡烛与短蜡烛长度之比是多少？

147. 纸牌的高度

一副扑克牌厚 2cm，如果把一副扑克牌切成两等份，然后把它叠成一堆，再切成两等份，又叠成一堆，切成两等份，继续这样切下去，一共切了 52 次。把得到的全部碎片叠起来，它的高度是多少？

148. 分米

米店里有一包米，重 9000 克。请你利用天平和 50 克、200 克的砝码，把这包米分成两包，一包是 2000 克，另一包是 7000 克，在分的时候，只允许称量三次。

149. 称钱币

有九个钱币，外表相同，已经知道其中一个是假的，而且假的比其他八个真的都要轻。要求用天平称两次，把这个假钱币找出来。

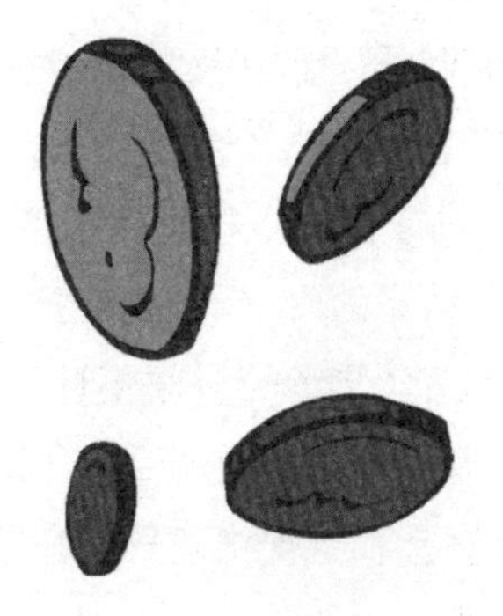

150. 邻居分牛

一个人有 17 头牛，他在病危之际，要把这 17 头牛分给他的三个儿子。他说："长子应分得一半，次子分得三分之一，幼子得九分之一。"后来他死了，但三个儿子不知道怎样分这 17 头牛。他们就去请教聪明的邻居，这个邻居帮忙解决了这个问题。你知道他是怎么分的吗？

151. 节省了多少时间

一个人从城里到农村去，他前一半路程乘坐火车，火车的速度是人步行速度的 15 倍，在后一半路程中他骑牛，牛行走的速度是人步行速度的一半。这个人从城里到农村，坐火车和骑牛比全部步行可以节省多少时间？

152. 提前的时间

邮局每天派一辆汽车去飞机场接运飞机带来的邮件。有一次，飞机到达机场的时间要比规定的时间早，因为接运邮件的汽车还没有到，为了不耽误时间，只好把飞机带来的邮件用马车送。马车离开飞机场走了半小时，就在途中遇到了派来的汽车。于是便把马车上的邮件装上了汽车（装车的时间不计），汽车立刻驶向邮局。因为平时汽车开到机场，装上邮件后再返回邮局，而这次汽车只是在路上遇到马车后就返回了，并没有到达机场，所以这次汽车到达邮局，比平时提早了20分钟。问：飞机到达机场比规定的时间早多少分钟？

153. 骑车与步行

王军骑自行车去邮局寄信。当骑自行车到达全程的$\frac{2}{3}$处时，由于轮胎破裂，不能再骑了，所以剩下的$\frac{1}{3}$路程只好步行。步行到达终点所用的时间等于骑车用去的时间的两倍。请问：自行车的速度等于步行速度的几倍？

154. 平均速度问题

一辆空马车以12公里/小时的速度走完了全部路程的一半。而后又装载了货物走后一半的路程，重车的速度是4公里/小时。马车用每小时多少公里的平均速度走完全部路程所用的时间，与用这两种速度行走所用的时间相同？

155. 谁的速度快

甲、乙两人各骑一辆摩托车，同时从同一个地点出发。两人行驶的路程一样，并在相同的时间回到家里。已知两人都在途中休息了一些时间。其中甲行驶的时间是乙休息时间的两倍，乙行驶的时间是甲休息时间的3倍。请问：两辆摩托车谁的速度快？

156. 两个通讯员

甲、乙两个通讯员分别从 A 和 B 两地同时出发，向对方的出发点走来。但是，他们行走的速度不相同。当两人在路上相遇时，甲到 B 地还要 16 小时，乙到 A 地需要 9 小时。甲、乙两人走完 AB 的距离需要的时间各是多少？

157. 轮船与飞机

一艘轮船从码头出发向海洋航行，当它在离岸 180 海里的地方时，带着紧急邮件的水上飞机从轮船的出发地点向轮船方向飞去。水上飞机的速度比轮船的速度大 10 倍。问：在离岸多少海里的地方，水上飞机能追上轮船？

158. 火车的长度与速度

一列火车从一个人的身旁通过，从开始到结束用的时间为 t1 秒。同样是这列火车，通过一座长为 a 米的桥用的时间为 t2 秒。你能根据以上两个条件，推出这列火车的长度和速度的公式吗？（假定火车的速度不变）

159. 竞选班长

新学期开学，某班举行竞选，要选出 1 个班长、两个副班长。已知这个班有 49 人，每个人只能投 1 票，可以投给自己。得票最多的前三名当选。现有 7 位候选人，不许弃权。问：最少要获得多少票才能保证当选？

160. 及格的把握

小刚去市里参加考试，考题是 30 个选择题，每个选择题都有 3 个选项。只要答对 18 道题就算及格。如果随便答，对的几率也有$\frac{1}{3}$，也就是 10 道题，而且小刚还有 9 道题是有把握的。请问：小刚能及格吗？

161. 年龄问题

将甲的年龄数字的位置对调一下，就是乙的年龄；甲与乙两个年龄的差是丙的年龄的两倍；而乙的年龄是丙的 10 倍。你能否根据上面的条件，推出三人的年龄？

162. 分裂的小虫

有一种小虫非常奇特，它每隔两秒钟分裂一次。分裂后的两只新的小虫经过两秒后又会分裂。现在桌上有一个瓶子，如果最初瓶中只有一只小虫，那么两秒后变两只，再过两秒后就变四只……两分钟后，瓶中的小虫正好装满瓶子。

请问：如果在这个瓶内放入两只这样的小虫，那么经过多少时间，小虫正好是满满的一瓶？

163. 两种生物

瓶子里有两种生物，开始的时候有 1 只 A，20 只 B。A 和 B 每分钟都要分裂成原来数目的两倍，并且每分钟 A 要吃掉一只 B。在第几分钟的时候，瓶子里的 B 会被吃光？

164. 列车的时间间隔

一列从城里开往郊外的火车上坐着两个女学生。在车厢里，第一个女学生说："我发现从郊外开往城里的火车，每过 5 分钟遇到一列。如果从城里开往郊外的火车与从郊外开往城里的火车，它们的速度相同，那么在 1 小时内，从郊外开往城里的火车有多少列？" 第二个女学生赶紧答道："12 列，因为 60÷5=12。" 但是第一个女学生不同意这样的计算，并将自己的理由说了出来。请你仔细想想谁是对的。

165. 各有多少人

在一次联谊会上，兄妹两人自我介绍，哥哥说，我的兄弟与姐妹的人数相等。妹妹说，我的兄弟的人数是姐妹的两倍。你能根据上面的已知条件算出兄弟和姐妹的人数各是多少吗？

166. 分组

某班有男生 26 人，女生 24 人，现将这个班分成甲、乙两组，甲组 30 人，乙组 20 人。现在只知道甲组中的男生要多于乙组中的女生。问：甲组中的男生比乙组中的女生多多少？

167. 评分

在一次数学课上，老师出了十道判断题考验大家，每题 10 分。下表中列出了甲、乙、丙、丁四个同学的答案以及老师对甲、乙、丙三人的评分。你能根据下表得出丁的分数吗？

题序	1	2	3	4	5	6	7	8	9	10	得分
甲	√	×	×	√	×	×	√	√	×	√	80
乙	×	√	×	×	×	√	×	√	×	×	20
丙	√	×	√	√	√	×	√	√	√	√	70
丁	×	×	√	×	√	×	×	×	√	×	?

168. 两个探险者

有两个探险者，同时从 A 地向 B 地出发，其中甲每天走 7 公里；乙第一天走 1 公里，第二天走 2 公里，第三天走 3 公里，这以后每天各多走 1 公里。问：甲、乙两人从出发经过多少天可以相遇？

169. 刁藩都的年岁

古希腊著名的数学家刁藩都的生平历史，几乎没有记载保留下来，后人仅从他的很特别的墓志铭中略微知道一些。

下面的内容可以告诉您，他究竟活了多久。

他生平的六分之一是幸福的童年。

再活了生命的十二分之一，长起了细细的胡须。

刁藩都结了婚，可是还不曾有孩子，这样又度过了一生的七分之一。

再过五年，他得了头胎儿子，生活感到十分幸福。

可是命运给这孩子在世界上的生命只有他父亲的一半。

自从儿子死后，他在痛苦中活了四年，也离开了这个世界。

亲爱的读者，你能算出刁藩都活了多大岁数吗？

170. 李白买酒

据说有一次，唐朝著名诗人李白作了一首打油诗：

无事街上走，
提壶去买酒，
遇店加一倍，

见花喝一斗。

三遇店和花，

喝光壶中酒。

试问他壶中原有多少酒？

这首打油诗是一道计算题，意思是讲：李白壶中原来就有酒，每次遇到小店后，使壶中的酒增加了一倍；他又每次看到花，就饮酒作诗，每饮一次，就将壶中的酒喝去一斗（斗指古代酒器）；这样经过了三次，最后就把壶中的酒全部喝光了。

亲爱的读者，你知道李白的酒壶中原来有多少酒吗？

171. 选驸马

传说古代有个叫留布沙的公主，她要当选的驸马必须很快算出这样一道题：有一篮子李子，从中取出一半又一个给第一个人；又取余下的一半又一个给第二个人；再取最后所余下的一半又三个给第三个人，这时篮子里已经没有李子了。问：篮子里原来有多少个李子？

172. 投弹

民兵练投弹，排长从连部搬来一箱教练弹，根据各班现有人数，取其一半又一枚给第一班，再取其余之半又一枚给第二班，又取最后所余之半又两枚给第三班，最后箱内还剩一枚排长自己用，正好每人一枚。请问：共有多少名民兵？多少手榴弹？

173. 了解情况

有一天，于干事到通讯连去了解文化学习情况，正赶上指导员上文化课。于干事问：“你连干部、战士都在干什么？”指导员回答说：“一半搞训练，四分之一学文化，七分之一在执勤，十二分之一正做饭，还有两名已请假探亲。”

亲爱的读者，你能算出全连共有多少人吗？

174. 越野接力赛

一次，部队一个连队搞武装越野接力赛。从甲地出发，一排先走了全程的四分之一公里交给二排，二排接着走了全程的三分之一少三公里交给了三排，三排又走了全程的六分之一又三公里交给了四排，四排又向前走了全程的十二分之一又六公里正好到达乙地。请问：甲、乙两地相距多少公里？每排各走多少公里？

175. 买图书

小明去书店购买图书。在订计划时，他遇到了一个问题。这次购买的图书分为科技资料、小说和画报三种，共一百本。他身上带了一百元钱。已知科技资料每本十元，小说每本五元，画报每本零点五元。问：小明能购买三种图书各多少本？

176. 什么时间

小玲的手表坏了，于是向姑姑询问时间。姑姑看着手表，没有直接回答小玲，却说道："如果你把中午到现在的时间的四分之一再加上从现在到明天中午的时间的一半，就正好是现在的时间。"小玲听后，仔细想了一会儿，就笑着说："姑姑，我知道了。"

亲爱的读者，你知道是几点吗？

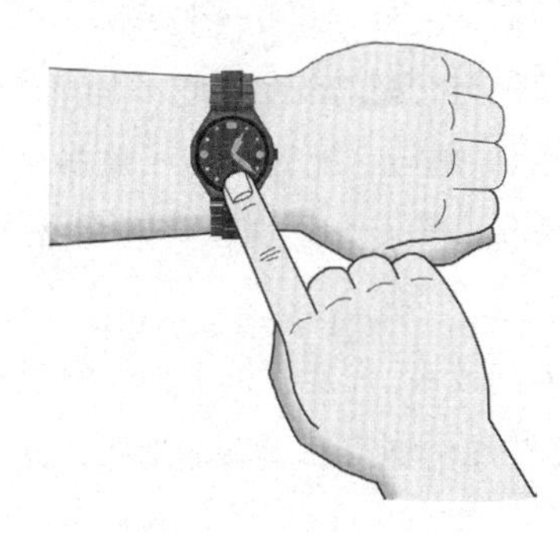

177. 隔几分钟

小明沿着马路往前走，发现一个现象：每隔十二分钟就有一辆公共汽车从后面追到他前面去，每隔四分钟就有一辆公共汽车由对面开回来。小明和汽车的速度是平均的。请问：每隔几分钟从公共汽车的始点站开出一辆汽车？

178. 危险的隧道

小明和小强的家住在山脚下，山上筑有一条隧道，隧道口的牌子上写着："行人严禁入内。"一天小明和小强在隧道口附近玩耍，由于好奇心的驱使，他俩违犯规定，决定到隧道里去看看。当他俩走到隧道内四分之一的路程时，突然听到后面传来汽车准备进隧道的喇叭声。此时他俩才注意到，原来隧道内十分狭窄，仅能容纳一辆卡车通过。惊慌之下，小明以每百米 12.5 秒的速度向前奔跑；小强考虑到进来的路程短，于是马上返身以和小明同样的速度向入口处奔跑。两个孩子先后都在千钧一发之际跑出隧道而脱离危险。

亲爱的读者，你能根据题目的已知条件，算出卡车行驶的速度每秒小于多少米吗？

179. 船长的怪题

在一艘刚刚进港的巨轮客室里，全体船员正和一群中学生联欢。期间，船长给学生们出了一道题目。他说："你们看，我已经是四十开外的中年人了，我的儿子不止一个，我的女儿也不止一个。如果把我的年龄、我的儿女数与你们所乘的这条船长度（整数）相乘，得出的结果是32118。同学们，你们能知道我的年纪是多大，共有几个儿女，这条船长度是多少吗？”

180. 游泳训练

在一个25米长的游泳池里，甲、乙运动员匀速游动，甲运动员的速度是2米/秒，乙运动员的速度是3米/秒。在完成1500米的训练时，两个运动员有几次相对相遇？

181. 重逢后的问题

老李和老王已多年未见，一次偶然的机会碰到了一起，朋友相见，分外高兴。老李一连问老王三个问题：“你今年四十几了？有几个孩子啦？你大概还是当数学教师吧，你教的班级有多少个学生？”老王笑了笑说：“我们不是一九六六年八月份分别的吗？然而非常巧的是，你所问的三个问题的数字的乘积正好是19668。”老李苦苦思索许久还是得不出结果。

亲爱的读者，你知道怎么算吗？

182. 粗心的饲养员

某实验室的兔笼内有六只兔子，每只兔子身上都挂着号牌，分别为01、02、03、04、05、06。原来雌雄兔子是成对关在笼内的。一天，由于饲养员一时大意，这六只毛色相同、体形差不多的兔子原来的配对搞混了。这可怎么办呢？幸好研究人员手头还有一份可作参考的试验资料。资料上记载着：青草40斤，01号吃掉一斤，02号吃掉2斤，03号吃掉了3斤，04号吃的草跟与它配对的兔子吃的草一样多，05号吃的草是与它配对的兔子吃掉的草的2倍，06号吃的草是与它配对的兔子吃掉的草的3倍，吃剩下的草平均分给6只兔子，恰好得到整斤数。

亲爱的读者，你能根据上面这份资料的记载，将这些兔子恢复原来的配对吗？

183. 猜器材件数

某学校在一商场买了三种器材：录像机、录音机和电视机。其中每一种器材的件数都是素数，而且各不相等。现在知道录像机的数乘上录像机和录音机的数之和，正好等于电视机的数目加上120。这三种器材件数各等于多少？

184. 三对夫妇

有三对夫妇一同去大商场购物。男的是老赵、老钱、老张，女的是小王、小林、小李。他们每人只买一种商品，并且每人所买商品的件数正好等于那种商品的单价（元）。现在知道每一个丈夫都比他的妻子多花63元，并且老赵所买的商品比小林多23件，老张所买的商品比小王多11件。问老赵、老张、老钱的爱人各是谁？

185. 开放检票口

在一间火车站的候车室里，旅客们正在等候检票。已知排队检票的旅客在慢慢增加，检票的速度则保持不变。而且，如果车站开放一个检票口，那么等待检票的旅客需要半小时才能全部进站；如果同时开放两个检票口，那么等待检票的旅客只需10分钟便可全部进站。现在有一班增开的列车很快就要离开了，必须在5分钟内让全部旅客都检票进站。

请问：在这种情况下，火车站至少需要同时开放几个检票口？

186. 小张买邮票

小张有很多信要寄出去，于是递给邮局卖邮票的职员一张1元的人民币，说道："我要一些2分的邮票和10倍数量的1分的邮票，剩下的全要5分的。"这位职员一听就傻了，他要怎样做才能满足小张的要求呢？

187. 乘客乘车

一批乘客坐车去上班，第一站下了$\frac{1}{6}$的乘客，第二站下了乘客的$\frac{1}{5}$，然后的几站分别下了乘客的$\frac{1}{2}$、$\frac{3}{4}$和$\frac{2}{3}$，最后还剩下3个乘客。这中间没人上车。问：车上开始有乘客多少人？每站各下了几人？

188. 小刀的价值

两兄弟将自己养的一群羊拿到集市上去卖。设羊为n只，而每头羊所卖的价钱又为n元。羊卖完后，他们分钱的方法如下：先由哥哥从总数中拿去10元，再由弟弟拿去10元，如此轮流到最后，剩下的不足10元轮到弟弟拿去。为了达到平均分配的要求，哥哥又给了弟弟一把小刀，这样兄弟两人的钱数相等。试问小刀值多少钱？

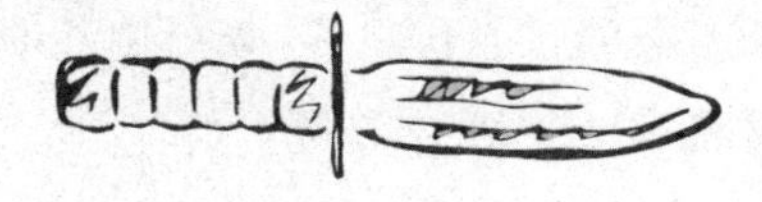

189. 取袜

小华有四双短袜，式样相同，其中两双为蓝色，两双为白色。这八只短袜散放在一起，小华不看而取，一次取出一只。问：(1)为了保证取得同样颜色的一双袜子，小华必须取几次？(2)她连取两次，这时取得一双蓝色袜子的可能性是多少？

190. 抽签

文化宫要某大学推荐一位同学担任管理员。小王、小李、小赵都想去，后来确定不下，只得用抽签的办法决定。临抽签的时候，三人又争着要先抽，都以为第一个抽签的人抽中的可能性可以大一些。

亲爱的读者，你说他们的想法对吗？

191. 掷硬币

小明、小英、小强是非常要好的朋友，一天，他们约在一起做游戏，但是在进行这项游戏时需要确定做游戏的先后次序。他们协商约定：将两个硬币同时向上抛出，落地后，如果两个都是正面朝上，小明先做；如果两个都是反面朝上，小英先做；两个一正一反，小强先做。

确定了第一以后(不妨设小强已确定为第一)，再将一个硬币向上抛出，落地后，如果正面朝上，小明第二，小英第三；如果反面朝上，小英第二，小明第三。

亲爱的读者，你认为他们用这样的办法来确定做游戏的先后次序是否合理？各人取得第一、第二和第三的机会是否均等？为什么？

192. 比赛名次

李军、曹强和王小刚利用周末的时间举行了一次田径比赛。他们在赛前约定，每项比赛第一、二、三名的得分依次分别为5、2、1分，谁累计得分最多，谁就是胜利者。比赛一开始，曹强获得了铅球第一名。但谁也不甘心落后，三个人都拼尽全力比赛，100米、跳高……比赛在热烈的气氛中一项接着一项进行下去。最后，王小刚经过顽强的拼搏获得了优胜，累计得分为22分，而李军和曹强都各得9分。请问：谁获得了铅球第二名？谁获得第三名？

193. 电影院观众

有个电影院在上映新片，其中有 120 个座位坐了观众，而全部入场费刚好为 120 元。剧院的入场费收取原则是：男子每人 5 元，女子每人 2 元，小孩子则每人为 1 角。那么，你可以据此算出男、女、小孩各有多少人吗？

194. 卖炊具

老刘在集市上摆摊卖炊具，炊具有炒锅、盘子和小勺。炒锅每个 30 元，盘子每个 2 元，小勺每个 0.5 元。一小时后他共卖掉 100 件东西，获得 200 元。已知每种商品至少卖掉两件，请问老刘每种商品各卖掉多少件？

195. 农民卖蛋

两个农民到市场上去卖蛋，他们两人一共带了 100 只蛋，卖完后两人所得的钱是一样的。第一个人对第二个人说：“假使我有你这么多的蛋，我可以卖得 15 个克利采（克利采为一种货币名称）。”第二个人说：“假使我有了你这些蛋，我只能卖得 $6\frac{2}{3}$个克利采。”问：他们两人各有多少只蛋？

196. 百鸡

公鸡每只值五文钱，母鸡每只值三文钱，小鸡每三只值一文钱。现在用一百文钱买一百只鸡。问：这一百只鸡中，公鸡、母鸡、小鸡各有多少只？

197. 一堆电光炮

新年到了，哥哥送给小强一堆电光炮。小强把电光炮分成三份，多了一只。他自己取一份，其余两份连一只送到小明家。小明的弟弟把单独的一只取走了。小明回来，把剩下的又分成三份，仍多一只。他自己取一份，把其余两份连一只送到小兵家。小兵的妹妹也拿了单独的一只去玩，其余放在小兵的台上。小兵回家又分三份，仍多一只。问：这堆电光炮至少有多少只？

198. 淘汰赛

某学校举行一次乒乓赛，一共有56人报名。如果采用淘汰赛，一共要进行几场比赛？

199. 三箱螺帽

小玲有三只木箱，里面整整齐齐地装着不同规格的旧螺帽。一天，小明去小玲家玩，看到了这三只木箱，便问："这些箱子里一共有多少只螺帽？"

小玲笑笑回答说："第一只木箱里有303只螺帽，第二只木箱里的螺帽是全部螺帽的五分之一，第三只木箱里的螺帽占全部螺帽的七分之若干。"

你能根据小玲讲的情况，算出这三箱螺帽的总数吗？

200. 技术革新

某化工厂的生产车间，经过四次技术革新，操作过程所用的时间一次比一次缩短。如果把第一、第二、第三、第四次革新缩短的操作时间相加，正好等于17小时；如果相乘，其积恰好是第二次革新缩短操作时间的40倍；还知道每次革新缩短的时间一次比一次多，而且都是整数（单位是小时）；第四次革新缩短的时间小于前三次革新缩短的时间的和。问：每次革新缩短的时间是多少？

201. 节约用料

服装厂的工人为了节约棉布，积极地开动脑筋，以使剪下的余料最少。

（1）现有一段布，长80尺，已经知道做一件上衣需用布7尺，做一条长裤需用布6尺。问：剪几件上衣、几条长裤，就能使余料最少？

（2）另有一段布，长85尺，如做一件上衣需要用布5尺，做一条长裤需用布6尺。问：上衣和长裤各裁几件，可使余料最少？

（3）再有一块长60尺的花布，做一件衬衫需用布5尺3寸，做一条裙子需用布3尺6寸。问：衬衫和裙子各做多少，可使余料最少？

202. 法律难题

有一个人在临终的时候，留下了这样的遗嘱："如果怀孕的妻子生的是男孩，那么孩子应该得到财产的$\frac{2}{3}$，孩子的母亲得财产的$\frac{1}{3}$。如果生的是女孩，那么孩子应该得到财产的$\frac{1}{3}$；孩子的母亲得$\frac{2}{3}$。"后来，这个女人生了双胞胎，而且是一男一女。这是死者生前没有想到的事情，那么三个继承人怎样用接近遗嘱条件的最好的方法，来分这份遗产？

203. 大象和蚊虫

一位数学爱好者在研究代数式的各种变换时，得出了这样一个奇怪的结论：大象的重量等于蚊虫的重量，推论的方法如下：

设大象的重量是 x，蚊虫的重量是 y，用 2v 表示这两个重量的和，得：

$x+y=2v$

由这个等式可以得到两个式子：

$x-2v=-y$，$x=-y+2v$

把这两个等式的两边分别相乘，得：

$x^2-2vx=y^2-2vy$

上式的两边都加上 v^2，得：

$x^2-2vx+v^2=y^2-2vy+v^2$

或者 $(x-v)^2=(y-v)^2$

上式的两边分别开平方，得：

$x-v=y-v$，或 $x=y$

这就是大象的重量（x）等于蚊虫的重量（y）。

你知道这是怎么一回事吗？

204. 牛顿的"牛吃草问题"

大科学家牛顿提出了一个数学问题："三头牛在两星期内吃完两亩地上原有的草和两星期中所生长的草。两头牛在四星期中能吃完两亩地上原有的草和四星期中所生长的草。问要多少头牛才能在六星期中吃完六亩地上原有的草和六星期中所生长的草？"（假定在牛开始吃草的时候，所有的草都一样高，而吃过以后，草的生长率也相等）

205. 椰子的数量

在一个荒岛上住着五个人和一只猴子。一天他们五个人弄到一堆椰子，准备第二天早上平均分配。晚上一个人醒来时，把这堆椰子平均分成五份，剩下一个，他就把剩下的这个椰子给了猴子，并且把自己的一份藏起来，其余的仍放成一堆。没过多久另一个人醒了过来，也用相同的办法，把一堆椰子平均分成五份，结果也多余一个，并把多余的也给了猴子，把自己的一份藏起来。这天晚上，每个人都这样做过一次，而结果都是把剩余的一个给了猴子。但是，他们的所作所为彼此都不知道。第二天早上五个人一起去平分剩下的椰子，结果还是多了一个。试问，原来的椰子数最少应该是多少个？

206. 新建的车站

为了方便旅客出行和运输，铁路部门决定把一条铁路支线延长，在铁路延长后要增设n个(n>1)新的车站。为了做好客运的准备工作，必须事先印好这条支线上全套的车票，即无论在哪一个车站，都能够买到旅客所需要的车票。由于增设了新的车站，需要补充印制46种新车票。根据这个条件，求出这条铁路上原有多少个车站，又新建了多少个车站。

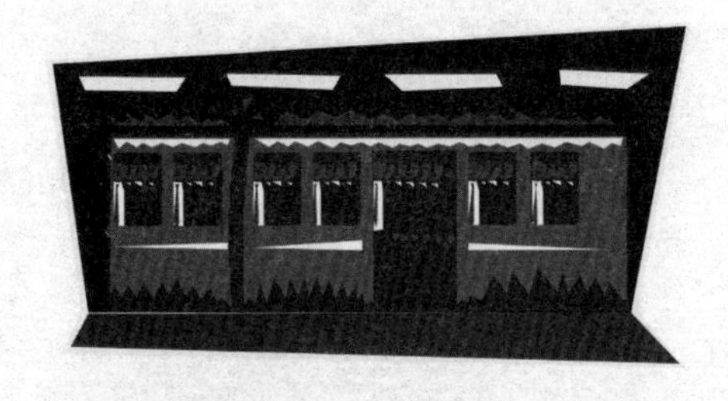

207. 师傅和徒弟

青年小莉、小强、小刚和小红刚被厂里接收，生产经验不足。领导让老杜、老蔡、老赵和老梁师傅每人带一个徒弟。这四个年轻人在师傅们的指导下进步很快。有人向车间统计员打听这四位师傅各自带的徒弟是谁。统计员并没有直接回答他，只是说：

“今天这四对师徒共装配了44台马达。小莉装好2台，小强装好3台，小刚装好4台，小红装了5台。老杜与他的徒弟装得一样多，老蔡是他徒弟的2倍，老赵是他徒弟的3倍，老梁是他徒弟的4倍。”

亲爱的读者，你能不能根据统计员所说的话，推断一下这四位师傅各自带的徒弟是谁。

208. 发新书

新学期的第一天，同学们一早就来到学校争着帮老师发新书。老师按照下面的方法依次分配给他们任务：

第一个同学拿10本，再加上剩下书的1/10；

第二个同学拿20本，再加上剩下书的1/10；

第三个同学拿30本，再加上剩下书的1/10；

第四个同学拿40本，再加上剩下书的1/10。

……

最后，所有的书刚好分完。而且让他们感到吃惊的是，老师分给每个同学的书一样多。现在你能不能够推算出：老师那里一共有多少本书？帮助老师发书的同学有多少？每个同学分配到的书是多少？

209. 怎样错车

有两列火车，车厢都是 80 节，它们在单线轨道的小车站相遇。另外，这个车站有一个岔道。岔道是一条不长的尽头支线，可以停放一个火车头和 40 节车厢。请你想想：这两列火车怎样错车。

210. 钟没有停

小松做完课外作业，抬头看了看钟，已经是晚上七点多钟。他一点也没有感到疲倦，又精神抖擞地钻研起老师今天出的一道数学思考题。题目确实很难，但他并没有被吓倒，经过反复分析、思索，最后将这道难题解了出来。放下笔，小松又习惯性地抬起头看了一下钟。他愣住了："奇怪，钟怎么停了？"小松揉了揉眼睛仔细一瞧，这才发现是自己看错了。原来在这一个多小时里，钟的时针和分针的位置恰巧对调了一下。刚才没看仔细，还以为是钟停了呢！

亲爱的读者，你能否根据上面介绍的情况告诉我们：小松解这道题究竟花了多少时间？从什么时候开始做，到什么时候做好的？

第二部分　应用趣题答案

86. 喝汽水

因为一瓶汽水1元钱，所以一开始就可以买到20瓶汽水，随后换10瓶，再换5瓶也都没有问题。我们再把这5瓶分成4瓶和1瓶。前4个空瓶再换2瓶，这2瓶喝完后可再换1瓶。此时喝完后，加上之前的1个空瓶还剩2个空瓶，用这2个空瓶换1瓶继续喝。喝完后向店家借1个空瓶把这2个空瓶换1瓶汽水，喝完后再把瓶子还给人家就可以了。所以小明最多可以喝40瓶汽水。

87. 买饮料

他们至少要买18瓶饮料。

他们买了18瓶饮料，喝完后，用这18个空瓶子可以再换6瓶饮料，这样就有24个人能喝到饮料了。然后，这6瓶喝完后，又可以换到2瓶饮料。这2瓶喝完后，再向商店借一个空瓶，换1瓶，这一瓶喝完后还给商店即可。如此一来，27个人都能喝到饮料了。

88. 背香蕉

先背50根到25米处，根据题意："每走1米要吃1根香蕉"，可知这时吃了25根香蕉，还剩25根。把这些香蕉放下，回过头来再去背剩下的50根，走到25米处时，又吃了25根，还有25根。再把地上的25根拿起来，总共50根，继续向家走完剩下的25米，这段距离又吃了25根，结果到家后还剩25根。

89. 一张假钞

商人买那件衣服花了70元，加上他卖出这件衣服找给购买者的18元，总共损失了88元。

90. 赛跑

由题意可知，乙的速度是甲的速度的90%，丙的速度是乙的速度的90%，所以丙的速度是甲的速度的81%。所以当甲到达终点的时候，丙跑了81米，还差19米到达终点。

91. 油和瓶的重量

根据题意可得：一半油的重量为$3.5-2=1.5$千克，所以油重为$2\times1.5=3$千克，瓶重为$3.5-3=0.5$千克。

92. 吝啬鬼的金币

2、3、4、5、6的最小公倍数是60，所以必须找一个比60的倍数大1的数，而且这个数也要是7的倍数，也就是$60n+1$。因为$60n+1=56n+4n+1$，其中$56n$一定能被7整除，所以只要$4n+1$能被7整除就可以了，由此我们很容易得出这个最小的n为5，所以金币数为$60\times5+1=301$枚。

93. 老师猜数

老师用10减去剩下的一张卡片上的数字，得到的差就是第一个同学抽去的卡片上的数字。这是因为$1+2+\cdots+8+9=45$，十八张卡片上数字的和为 45×2=90。设那位同学抽去的一张为 7，则余数为 90−7=83。之后抽去数字的和为 10 的所有卡片，剩下的一张一定是 3。而这一张与那位同学抽去的一张的数字的和也应是 10，所以 10 减去 3，差就是那位同学抽去的 7。

94. 男孩和女孩的数量

设男孩子有 x 个，女孩子有 y 个，那么对于每个男孩子来说，他看到的是 x−1 顶天蓝色帽子和 y 顶粉红色帽子；对于每个女孩子来说，她看到的是 x 顶天蓝色帽子和 y−1 顶粉红色帽子。于是根据已知条件就有：

$x-1=y \quad x=2(y-1)$

解这个方程组，得：$x=4, y=3$

即男孩子有 4 个，女孩子有 3 个。

95. 算年龄

设 f、m、s 分别表示王军的父亲、王军和王军的儿子现在的年龄，那么根据题意有：

$f+m=110$

$f=9s$

$[(f-m)+s]-m=4$

由上面三个式子，可得：

$s=8$

即王军的儿子今年 8 岁。

96. 狗跑的距离

这个问题并没有想象中的那么复杂。因为狗从两巡逻队出发到会合，不停地以每小时 20 公里的速度来回奔跑着，所以狗奔跑的时间就是两队哨兵从出发到会合所花的时间。这段时间等于 15÷（5.5+4.5），即 1.5 小时，所以狗来回共奔跑了 20×1.5 公里，也就是 30 公里。

97. 汽车的速度

根据题意可知，新的对称数显然只能是 16x61，且 x 只能取 0 和 1。因为当 x 取大于 1（例如 2）的数时，汽车的速度为（16261−15951）÷4=77.5（公里/小时）。汽车虽然能达到这个速度，但在普通公路上行驶时，安全起见，是不准开这么快的。这样：

当 x 取 0 时，（16061−15951）÷4=27.5（公里/小时）。

当 x 取 1 时，（16161−15951）÷4=52.5（公里/小时）。

98. 买鱼

设鱼身重为 x 斤，已知身重 = 头重 + 尾重，所以 $2+(\frac{2}{2}+\frac{x}{2})=x$，解得 x=6。尾重为半头半身重，即 $\frac{2}{2}+\frac{6}{2}=1+3=4$。所以，甲付 5×2=10（元），乙付 3×4=12（元），丙付 8×6=48（元）。

99. 冰水的体积

假设现在有 12ml 的冰，这冰融化变成水后，体积减小 $\frac{1}{12}$，也就是只剩下 11ml 的水。当这 11ml 的水再结成冰时，则又会变成 12ml 水，对于水而言，正好增加了 $\frac{1}{11}$。

100. 节省木料

木匠师傅将 43 厘米长的木料锯 5 根，37 厘米长的锯 1 根，共锯 6 根，锯了 5 次共损耗 2.5 厘米。43×5+37+2.5=254.5 厘米。这样最节省，没有余料。

101. 相隔的时间

因为小刚乘的车与从市博物馆开出的第一辆电车碰头时，与第二辆电车所间隔的距离等于两部电车（小刚乘的车和第二辆车）速度和与时间一分半的乘积。已设电车速度相等，因此一部电车开这段距离需 3 分钟，也就是每隔 3 分钟开出一辆车。

102. 列车

设列车长为 y 米，速度为 x 米 / 秒，据题意得：

$$\begin{cases}\frac{y}{x+1}=17\\\frac{y}{x+1}=15\end{cases}$$

解得 y=255

即这列火车的长度为 255 米。

103. 篮球比赛

设九个队的名称分别为 A、B、C、D、E、F、G、H、I，则：

A 要与其他 8 个队比赛 8 场，

B 还要与除 A 以外的 7 个队比赛 7 场；

C 还要与除 A、B 以外的 6 个队比赛 6 场；

……

H 还要与 I 比赛 1 场。

所以，比赛的总场次数为 8+7+6+…+1=36，每个学校有比赛 36÷9=4（场）。

104. 羊的数量

设这群羊共有 x 只，根据题意可得：

$$x+x+\frac{1}{2}x+\frac{1}{4}x+1=100$$

解这个方程得 x=36

即牧羊人放牧的这群羊共有 36 只。

105. 客人与碗

设客人为 x 个，则菜碗、汤碗、饭碗分别为$\frac{x}{2}$、$\frac{x}{3}$、$\frac{x}{4}$只，根据题意可得：

$$\frac{x}{2}+\frac{x}{3}+\frac{x}{4}=65$$

解得 x=60

即有 60 个客人。

106. 十元钱

小刚带的硬币是：一个一分，一个五分，两个二分；

纸币是：两张一角，一张二角，一张五角，两张一元，一张二元，一张五元。

107. 爷爷的年龄

设小艳爷爷现在的年龄为 x 岁，那么六年以后的年龄的六倍是 6×（x+6），六年以前的年龄的六倍是 6×（x−6）。根据题意，列方程得：

$$6(x+6)-6\times(x-6)=x$$

$$x=72$$

即小艳的爷爷现在的年龄是 72 岁。

108. 蚂蚁搬食物

第一次叫伙伴：1+10=11

第二次叫伙伴：11+11×10=11×11=121

第三次叫伙伴：……

一共搬了四次兵，所以蚂蚁总数为：11×11×11×11=14641（只）。

109. 模范小组

解答这道题的关键，就是要知道组长一天装配了多少辆汽车。为此，同时必须知道 10 个成员中每一个人一天平均装配多少辆汽车。把组长多装的 9 辆平均分配给 9 个组员，我们就能知道工作组每个成员一天平均装配 15+1=16 辆汽车。由此可得：组长装了 16+9=25 辆汽车，而全组装配的数量是（15×9）+25=160 辆汽车。

110. 绳子的长度

设绕一圈需要绳长 x 米。

$$x+3=2x-1$$

$$x=4$$

所以，绕三圈需要 12 米。

111. 捉害虫的青蛙

小青蛙捉了21只害虫，大青蛙捉了51只害虫。

大青蛙比小青蛙多捉害虫15+15＝30（只），如果小青蛙把捉的害虫给大青蛙3只，则大青蛙比小青蛙多30+3×2＝36（只），这时大青蛙捉的害虫是小青蛙的3倍，所以1倍就是（30+3×2）÷（3–1）＝18（只），小青蛙捉害虫18+3＝21（只），大青蛙捉害虫21+15×2＝51（只）。

112. 香蕉的数量

12根。

小猴子吃掉的比剩下的多4根，又吃掉了1根，可见小猴子吃掉的比剩下的多4+1+1=6（根）。这时吃掉的是剩下的3倍，可见吃掉的比剩下的多2倍。所以小猴子剩下的香蕉有6÷（3–1）＝3（根），吃掉的香蕉是3×3＝9（根），小猴子一共有香蕉3+9＝12（根）。

113. 多项运动

至少有9人。

这个班不会游泳的有50–35=15（人）；不会骑车的有50–38=12（人）；不会溜冰的有50–40=10（人）；不会打乒乓球的有50–46=4（人）。所以有一个项目不会的人最多是15+12+10+4=41（人），因此四项运动都会的至少有50–41=9（人）。

114. 学生的人数

45人。

由于数学有10人得了100分，英语有12人得了100分，那么数学与英语两门功课中至少有一门得100分的人数应是10+12–3=19（人），这是因为在10+12=22（人）中，有3人是两门都得100分的，应从22人中减去3人。

所以，三（2）班的人数是数学与英语两门功课中至少有一门得100分的人数与两门都没得100分的人数之和：19+26=45（人）。

115. 攒钱计划

设x年后，他们攒的钱数一样多，根据题意可列方程：

5+11x=3+12x

x=2

设要凑足100元，需要y年，依题意得：

（5+11y）+（3+12y）=100

y=4

即2年后他们俩的钱数一样多，他们俩一起凑足100元，需要4年。

116. 水中航行

在相同的时间内，顺水可航行20–17.6=2.4千米，逆水可航行3.6–3=0.6千米。于是求出在相同时间内顺水航程是逆水航程的2.4÷0.6=4倍。那么顺水行的航速也就是逆水行的航速的4倍，从而我们可以求出顺水与逆水的航速。

顺水航速为：（20+3×4）÷4=8（千米）

逆水航速为：（20÷4+3）÷4=2（千米）

船在静水中的速度为：

（8+2）÷2=5（千米）

水流速度为：

（8–2）÷2=3（千米）

即船在静水中的速度为每小时5千米，水流速度为每小时3千米。

117. 十字路口

甲从十字路口南1350米处往北直行，乙从十字路口处向东直行，他们俩同时出发，10分钟后二人离十字路口距离相等，说明甲、乙二人10分钟一共走了1350米，那么二人每分钟的速度之和为1350÷10=135（米）。又知道，二人继续行走80分钟，即从出发两人各走了90分钟，二人离十字路口距离又相等，说明甲、乙二人 90 分钟行走的路程之差是 1350 米。则二人每分钟的速度差为 1350÷（10+80）=15（米）。

这样我们很快就可以求出甲、乙各自的速度。

甲的速度是：（135+15）÷2=75（米）

乙的速度是：（135–15）÷2=60（米）

即甲的速度是每分钟 75 米，乙的速度是每分钟 60 米。

118. 平均速度

如果你算出的平均速度是（15+10）÷2=12.5 公里 / 小时，那就错了。平均速度应该考虑时间因素。我们假定距离是 60 公里，那么可以算出来回时间（60÷15）+（60÷10）=10（小时），那么平均速度是 120÷10=12 公里 / 小时。

119. 方砖铺地

根据题意可知这块地的总面积一定，每块砖的面积与块数成正比例。

设用边长 0.4 米方砖铺地，需用 x 块，则可列出下列方程：

$$\frac{0.5\times0.5}{0.4\times0.4}=\frac{x}{768}$$

x=1200

即若改用每块边长 0.4 米的方砖来铺这块地，需用 1200 块。

120. 小明读书

因为上午读了一部分，这时已读的页数与未读页数的比是 1∶9，可知上午读了这本书总页数的$\frac{1}{1+9}=\frac{1}{10}$，下午比上午多读 6 页，那么下午的读的就比总页数的$\frac{1}{10}$还多 6 页，这时已读的页数占总页数的$\frac{1}{1+3}=\frac{1}{4}$，因此 6 页就是总页数的$\frac{1}{4}$与$\frac{1}{5}$的差，所以这本书的总页数是 6÷（$\frac{1}{4}-\frac{1}{5}$）=120 页。

121. 烧煤问题

第一天烧后剩下的重量：

（500+500）÷（1–20%）=1250（千克）

这堆煤总重量：

（1250+500）÷（1–20%）= 2187.5（千克）

这堆煤共 2187.5 千克。

122. 配药水

先求 20 克药液的含药量，再求配成含药 5% 的药水的重量，最后减掉原来药液的重量，就是要加入清水的重量：

20×80% ÷5% –20 = 300（克）

需要加入清水 300 克。

123. 忘带的钱包

在 1:10 的时候，离家的距离是：小斌，80×10=800（米）；小斌的弟弟；100×5=500。也就是说，两人之间的距离为 300 米，从那个时候到两人碰面为止：300÷（100+80）= $\frac{5}{3}$（小时）=1 分 40 秒。

小斌把返回的距离和时间又走了一次，往返浪费的时间 = 迟到的时间 =1 分 40 秒 ×2=3 分 20 秒。

124. 打野猪

A 打到 8 只野猪，B 打到 6 只野猪，C 打到 14 只野猪，D 打到 4 只野猪，E 打到 8 只野猪。

125. 喝茶

一杯茶。$\frac{1}{2}+\frac{1}{4}+\frac{1}{8}+\frac{1}{16}+\frac{1}{16}=1$。

126. 接粉笔

13 天。

127. 掺水的酒

由题可知每家需要 32 升酒，第一家得到的是纯酒 32 升，此时桶中还剩 96 升纯酒，将其兑满，纯酒占比$\frac{96}{128}$，第二家得到的纯酒量为$\frac{96}{128}\times32=24$ 升。桶中剩下纯酒为 72 升，第三家的纯酒量为$\frac{72}{128}\times32=18$ 升。桶中剩下纯酒为 128–32–24–18=54 升，掺满水后再送到第四家，此时第四家的$\frac{54}{128}\times32=13.5$ 升。最后，桶中还剩纯酒为 128–32–24–18–13.5=40.5 升。

128. 小珍的出生年份

设小珍生于 1900+10b+c 年（b、c 都是小于 10 的非负整数）。根据题意，小珍的年龄为 1+9+b+c，于是可得：

$1980-(1900+10b+c)=1+9+b+c$。

$b=\frac{2\times(35-c)}{11}$

由上式可知（35–c）必是 11 的倍数；同时，由于 c 是小于 10 的非负整数，经分析可知 c=2，因而 b=6。

所以小珍是 1962 年出生的。

129. 锯木料

设 69 毫米长木料锯 x 段，39 毫米长木料锯 y 段；那么，共锯得 x+y 段小木料，而损耗的木料为（x+y–1）×1，依题意得：

$69x+39y+(x+y-1)\times1=369$。

将上式整理后，得：

$y=\frac{-7x+37}{4}$

将 x 分别取 1、2、3、4、5 代入上式，并列表：

x	1	2	3	4	5
y	$7\frac{1}{2}$	$5\frac{3}{4}$	4	$2\frac{1}{4}$	$\frac{1}{2}$

很明显，只有当 x=3 时，y 有整数解为 4。也就是当 69 毫米长的木料锯 3 段，39 毫米长锯 4 段时，浪费最少。

130. 参加会议的人

如果参加会议的有 n 个人，那么每一个人都握了n–1 次手，n 个人总共握了n（n–1）次手。但甲和乙握手与乙和甲握手实际上是同一次握手，所以握手的次数为$\frac{n(n-1)}{2}$，根据条件可得：

$\frac{n(n-1)}{2}=136$

即 $n^2-n-272=0$。

解得 n=17，n=–16

负数不符合条件，所以参加会议的共有 17 人。

131. 分水果糖

把糖分成粒数相等的包数都缺一粒，如果我们在这个基础上再多加一粒糖，那么糖粒数就能被 10、9、8、7、6、5、4、3、2 整除。而 9、8、7、……3、2 的最小公倍数是 2520，或者是它的倍数。就是说，水果糖至少有 2519 粒。

132. 四只船

4、8、12、16 的最小公倍数是 48，所以四只船经过 48 个星期后，才能重新一起回到这个港口。

133. 儿子的年龄

因为父亲的年龄比儿子大 23 岁，当父亲的年龄是儿子的年龄的两倍时，儿子的年龄正好是 23 岁。

134. 面包和钱币

甲的分法是合理的。因为三个人各吃相同

的一份面包，很明显，每人应该得到$\frac{8}{3}$个面包。因为甲拿出$\frac{15}{3}$个面包，自己吃去$\frac{8}{3}$个，给了丙$\frac{7}{3}$个。乙拿出$\frac{9}{3}$个面包，自己吃去$\frac{8}{3}$个，给丙$\frac{1}{3}$个。因为甲、乙两人给丙的面包个数之比为 7∶1，所以钱币应该按 7∶1 分摊。因此甲得七个钱币，乙得一个钱币。

135. 蜗牛爬行的天数

蜗牛白天往上爬 3 尺，晚上下降 2 尺，实际上每昼夜只上升 1 尺。经过 9 昼夜，蜗牛向上爬行了 9 尺，离墙顶还有 3 尺，在第 10 天爬到了墙壁顶端，所以蜗牛从墙脚爬到墙顶需要 10 天时间。

在相同的情况下，如果墙高为 20 尺，蜗牛从墙脚爬到墙顶需要 18 天。

136. 有多少个零件

36 个毛坯可以加工成 36 个零件。因为在每加工 6 个毛坯所得到的刨屑经过熔化，还可以做成一个毛坯，所以加工 36 个毛坯得到的刨屑可以做成 6 个毛坯。而用刨屑做成的 6 个毛坯又可以加工成 6 个零件，剩下的刨屑又可以做成一个毛坯，加工成一个零件。因此，加工 36 个毛坯，一共可以得到 43 个零件。

137. 火车的长度

根据题目已知条件可知，第一列火车相对于乘客的运动速度是：

$V=V_1+V_2$

$=45+36$

=81（公里/小时）

=22.5（米/秒）

因此第一列火车的长度是：22.5×6 =135（米）。

138. 运送粮食的问题

当汽车的速度为 30 公里/小时时，行驶 1 公里需要 2 分钟。当汽车的速度为 20 公里/小时时，行驶 1 公里需要 3 分钟。也就是说，汽车用 20 公里/小时的速度行驶，比用 30 公里/小时的速度行驶，每公里要多用 1 分钟的时间。从甲地至乙地，以 20 公里/小时行驶的汽车比以 30 公里/小时行驶的汽车，花去的时间要多 120 分钟。因此甲、乙两地的距离就是 120 公里。汽车以 30 公里/小时的速度行驶就需要 4 小时的时间。为了 11 点准时到达乙地（出发时间不变），汽车在整个路程中行驶的时间是 5 小时，行驶速度是 24 公里/小时（120/5=24）。

139. 衣服的价值

这个工人劳动一个月应该得到的报酬是 1 元和一件衣服价值的$\frac{1}{12}$，劳动 7 个月应该得到 7 元及衣服价值的$\frac{7}{12}$。但是，工人在劳动 7 个月后一共得到 5 元与一件衣服，比规定的工资少拿 2 元，而多得到衣服价值的$\frac{12}{12}-\frac{7}{12}=\frac{5}{12}$。所以衣服的价值是：

$$2\div\frac{5}{12}=\frac{2\times12}{5}=4\frac{4}{5}=4.8\text{（元）}$$

140. 两棵树的距离

三棵树呈三角形。根据几何定理：三角形两边之和大于第三边；两边之差小于第三边。因此，桃树与杏树的距离大于（6.87–0.75）=6.12，小于（6.87+0.75）=7.62。在 6.12 和 7.62 之间只有一个整数 7，所以，本题的解是 7。

141. 三堆火柴

首先我们可求出这个相等的数是 48÷3=16（根）。从第三堆取出同第一堆现有数相等的火柴并入第一堆后，第一堆才有 16 根火柴，这就说明，从第三堆并入第一堆的火柴数是16÷2=8（根），把这8根还给第三堆，第一堆还剩8根，而第三堆则是16+8=24（根）；这24根有一半是第二堆的，还给第二堆后，第三堆还剩24÷2=12（根），而第二堆则有12+16=28（根）；同样，这28根火柴也有一半是第一堆的，还给第一堆后，还剩28÷2=14（根），而第一堆便是14+8=22（根）。因此，原来的火柴数目是：第一堆22根，第二堆14根，第三堆12根。

142. 里程碑

假设小刚第一次看见里程碑上的两位数的十位数为x，个位数为y。那么第一块里程碑上的二位数是10x+y；第二块里程碑上的二位数是10y+x；第三块里程碑上的三位数是100x+y。根据题意，列出如下方程式：

$10y+x-(10x+y)=100x+y-(10y+x)$

$y=6x$

当x=1时，y才能成为一位整数。所以，x=1，y=6。故第一、二、三块里程碑上的数字分别为16、61、106。

汽车每小时前进的速度是61–16=45公里。

143. 分苹果

设苹果共有x只，根据题目已知条件列方程：

$x=\frac{1}{2}x+\frac{1}{2}+\frac{1}{2}(\frac{1}{2}x-\frac{1}{2})+\frac{1}{2}+\frac{1}{2}[\frac{1}{2}(\frac{1}{2}x-\frac{1}{2})-\frac{1}{2}]+\frac{1}{2}$

$x=7$

所以苹果共7只。

母亲把苹果总数的一半和半只分给大儿子，即$3\frac{1}{2}+\frac{1}{2}=4$。剩下7–4=3只。二儿子得到剩下的一半又半只，即$1\frac{1}{2}+\frac{1}{2}=2$只，剩下3–2=1只（第二次剩下的），第三个儿子得到剩下的一半又半只，即$\frac{1}{2}+\frac{1}{2}=1$只。所以母亲在分苹果时不需要把苹果切开。

144. 共有多少步

设双步数为y。根据题意列方程：

$2y=3(y-250)$

$y=750$

三步数：750–250=500（步）

$3\times500+2\times750=3000$（步）

因此从小丽家到小红家共有3000步。

145. 蚊子飞的路程

这个问题其实没有想象中的那么复杂，只要你仔细考虑一下，是很容易解决的。先要知道蚊子一共飞行了多长时间，问题就大大简化了。而运动员行驶的时间与蚊子飞行的时间相等。运动员的速度是每小时50里，两人相遇需要3个小时。蚊子也飞行了3小时，共飞300里。

146. 两支蜡烛

设长蜡烛的长度为x，短蜡烛的长度为y。每小时长蜡烛燃烧$\frac{2}{7}x$，短蜡烛燃烧$\frac{1}{5}y$。燃烧两小时后长、短蜡烛分别剩下了$\frac{3}{7}x$、$\frac{3}{5}y$。

根据题意：$\frac{3}{7}x=\frac{3}{5}y$

所以$\frac{x}{y}=\frac{7}{5}$。

即长蜡烛与短蜡烛长度之比是7∶5。

147. 纸牌的高度

扑克牌的厚度为2cm，切第一刀后，叠起来的高度为4cm，第二次高为8cm，第三次高为16cm……，以此类推。排列为：

2、4、8、16、32、64……

这列数可以写成幂的形式：

2^1、2^2、2^3、2^4、2^5、2^6……

切第52次时即2^{53}，其高度为2^{53}cm。它是地球到太阳的距离（1.5×10^8公里）的十多倍。

148. 分米

第一次称量：把9000克米分成相等的两份，每份4500克（不用砝码就可以做到）。

第二次称量：把其中的一份再分成相等的两份，每份2250克。

第三次称量：把其中的一份称出250克（利用砝码称），剩下的就是2000克。除这2000克外，把其余的都加在一起，就得到7000克米。

149. 称钱币

把九个钱币分成三堆，每堆三个。第一次称其中的两堆,即在天平的两边各放三个钱币。称得的结果有两种可能：(1)如果一边重一边轻，那么轻的一边就有假的，就再称轻的三个中的两个；如果天平是平的，那么剩下的第三个是假的，如果一边较轻，那么假的就是这个轻的。(2)如果第一次称的结果两边一样重，那么就再称第三堆中的两个。像上面一样，就可以把假的找出来。因此只要称两次，就可以找出假钱币。

150. 邻居分牛

聪明的邻居牵了自己家的一头牛来替他们三兄弟分牛。加上邻居牵来的一头牛，就变成了18头牛了。于是大儿子应分总数的一半，得9头；二儿子分三分之一，得到6头；小儿子分九分之一，得到2头。这样，三个人刚好分去17头牛，最后恰巧剩下这位邻居牵来的牛，于是他又牵回了自己的牛。实际上，这位邻居是按比例进行分配的，即$\frac{1}{2}:\frac{1}{3}:\frac{1}{9}=9:6:2$。

151. 节省了多少时间

这个人不但没有节省时间，反而多用了时间。在后一半路程中，他骑牛，因为牛行走的速度是人步行速度的一半，所以骑牛走完后一半路程所用的时间，可以用步行来将全部路程走完。因此乘火车所用去的时间，就是多用去的时间，是步行时间的$\frac{1}{30}$。

152. 提前的时间

这次汽车没有到达机场就返回了，所以行驶的时间比平常少用了20分钟。节省的20分钟的时间，就是汽车与马车相遇的地点到机场，再从机场返回到相遇地点所需的时间。汽车开一个单程需要10分钟，但是我们知道，汽车与马车相遇之前，马车在路上走了30分钟，即飞机到达半小时后。因为汽车是准时从邮局出发的，到机场还需要10分钟，因此飞机比规定的时间早到40分钟。

153. 骑车与步行

设自行车的速度为x，步行的速度为y，那么$\frac{x}{y}$为自行车与步行的速度之比。

$$\frac{x}{y}=\frac{\frac{2}{3}/1}{\frac{1}{3}/2}=4$$

所以自行车的速度是步行速度的4倍。

154. 平均速度问题

我们可以把整个路程当作1，那么前一半路程行走了$\frac{1}{2}\div12=\frac{1}{24}$单位时间，而在后一半路程中，马车走了$\frac{1}{2}\div4=\frac{1}{8}$单位时间。行走全部路程用去：$\frac{1}{24}+\frac{1}{8}=\frac{1}{6}$单位时间，因此平均速度是：$1\div\frac{1}{6}=6$（公里/小时）。

155. 谁的速度快

设甲行驶的时间为 x，则乙休息的时间为$\frac{x}{2}$；乙行驶的时间为 y，则甲休息的时间为$\frac{y}{3}$。

因为两辆摩托车在路上的时间相同，所以：

$$x+\frac{y}{3}=\frac{x}{2}+y$$

$$x=\frac{4}{3}y, y<x$$

因此乙骑的摩托车的速度比甲骑的摩托车的速度快。

156. 两个通讯员

甲的行走速度用 u 表示，乙的行走速度用 v 表示，从出发到相遇的时间用 t 表示。甲走完整个路程需要（t+16）小时，乙需要（9+t）小时。可以用三种不同的方法表示 AB 的距离：

（t+16）u，（t+9）v，t（v+u）

得到：（t+16）u=（t+9）v=t（v+u）

由方程解出：$\frac{u}{v}=\frac{3}{4}$，t=12（小时）

甲走完全部路程需要 12+16=28 小时，乙走完全部路程需要 12+9=21 小时。

157. 轮船与飞机

设轮船的速度为 x，那么水上飞机的速度为 10x。假定水上飞机追上轮船时，飞机飞行了 s 海里。在同一时间内，轮船航行的路程为 s–180 海里。因此：

$$\frac{s}{10x}=\frac{s-180}{x}$$

s=200（海里）

158. 火车的长度与速度

设火车的长度为 x，速度为 y，因为火车通过观察者身旁是 t_1 秒，即在 t_1 秒里火车通过的距离等于火车的长度 x，所以 $y=\frac{x}{t_1}$。在 t_2 秒内火车通过长为 a 米的桥，即在这个时间内，火车通过的距离等于火车的长度与桥的长度的和，所以 $y=\frac{x+a}{t_2}$。

由此得：$x=\frac{at_1}{t_2-t_1}$，$y=\frac{a}{t_2-t_1}$。

159. 竞选班长

按照最少的候选人数投票，也就是说，假设这 49 票都投给了 4 个人，那么第三名要想当选，必须得到比平均数多的票才行。而平均数为 49÷4=12.25，所以要想当选，至少要得到 13 票。

160. 及格的把握

随便答答对的几率只能从没有把握的 21 道题中算，也就是 21 道题中，随便答能够答对 7 道，再把他有把握答对的 9 道题加上，只能答对 16 道，因此不能及格。

161. 年龄问题

两个数字对调的数的差总是 9 或者 9 的倍数。很显然，只有甲、乙的年龄差是 9 才能满足题目中的全部条件。由此我们可以得出丙的年龄是 4 岁半，乙的年龄是 45 岁，甲的年龄是 54 岁。

162. 分裂的小虫

这道题看起来复杂，其实很简单。我们可以从第二秒的时候，瓶里有 2 个小虫计时，它分裂到最后填满小瓶，需要的时间就是除去最先由一个分裂为两个小虫的时间，即 2 秒。把这两秒减去以后，就是两只小虫分裂满一瓶需要的时间，即 1 分 58 秒。

163. 两种生物

因为 A、B 都以相同的速度分裂，也就是说每一只 A 只要负责吃掉和自己一同分裂出来的 B 就可以了，所以也就不难得出瓶子里的

B被吃光的时间，即第20分钟。

164. 列车的时间间隔

如果坐在静止的火车上，观察从郊外开往城里的火车，那么第二个女学生的计算是正确的。但是，她们看到迎面而来的火车时，自己乘坐的火车也在行驶。女学生乘坐的火车从与对面开来的第一列火车相遇，到与对面开来的第二列火车相遇经过5分钟，也就是说，女学生乘坐的火车也向前行驶了5分钟，所以开往城里的火车的间隔时间是10分钟。因此在1小时内，开往城里的火车是6列。

165. 各有多少人

在谈姐妹和兄弟的人数时，哥哥和妹妹都没有把自己算在内，因此：

设兄弟为x人（说话的哥哥在内），姐妹为y人（说话的妹妹也在内）。

$x-1=y$，$2(y-1)=x$。

$x=4$，$y=3$。

所以兄弟有4人，姐妹有3人。

166. 分组

可设甲组中的男生为x，甲组中的女生为y，由题意可得：

$x+y=30$，即 $y=30-x$。

那么乙组中女生的数目就为 $24-y$。因此甲组的男生和乙组的女生的差是：

$x-(24-y)$

将 $y=30-x$ 代入上式，可得：

$x-[24-(30-x)]=6$

所以甲组中的男生比乙组中的女生多6个。

167. 评分

从表中可知，甲比丙多10分，而他们俩仅3、5、9题答案不同。所以在这三个题目当中，甲对两题，丙对一题。乙与甲的这三题答案相同，乙得20分，也就是答对了其中的两题所得。其余的题乙都没有答对。丁与丙的这三题答案相同，他答对了其中的一题。比较一下丁和乙的答案，就可以知道丁还答对了第2、6、8题。所以，丁一共答对了四道题，应得40分。

168. 两个探险者

前6天乙比甲依次少走6、5、4……1公里，第7天两人走的距离相等，从第8天后，乙比甲依次多走了1、2、3……公里，这样推算的话，乙在第13天遇上甲。

169. 刁藩都的年岁

设刁藩都活了x岁：

“他生平的六分之一是幸福的童年”，即$\frac{x}{6}$。

“再活了生命的十二分之一，长起了细细的胡须”，即$\frac{x}{12}$。

“刁藩都结了婚，可是还不曾有孩子，这样又度过了一生的七分之一”，即$\frac{x}{7}$。

“再过五年，他得了头胎儿子，感到十分幸福”，即5。

“可是命运给这孩子在世界上的生命只有他父亲的一半”，即$\frac{x}{2}$。

根据题意可得方程：$x=\frac{x}{6}+\frac{x}{12}+\frac{x}{7}+5+\frac{x}{2}+4$

即 $x=84$。

170. 李白买酒

根据题意可知：第三次见花前壶内只有一斗酒，那么，遇店前壶内应有半斗酒（即$\frac{1}{2}$斗酒）。以此类推，第二次见花前壶内有酒（$\frac{1}{2}+1$），第二次遇店前壶内有酒（$\frac{1}{2}+1$）$\div 2=\frac{3}{4}$（斗），第一次见花前壶内有酒（$\frac{3}{4}+1$）（斗），第一次遇店前壶内有酒（$\frac{3}{4}+1$）÷2=$\frac{7}{8}$（斗）。

即原来壶中有酒$\frac{7}{8}$（斗）。

此题也可列方程求解。设壶内原来有x斗酒，则第一次遇店后壶内有酒2x斗，第一次见花后壶内有酒（2x–1）（斗），第二次遇店后壶内有酒（2x–1）×2（斗），第二次见花后壶内有酒（2x–1）×2–1（斗）；第三次遇店后壶内有酒[（2x–1）×2–1]×2（斗），第三次见花后壶内有酒[（2x–1）×2–1]×2–1（斗），即“将壶中的酒全部喝光”。

因此可以列方程为[（2x–1）×2–1]×2–1=0。

即x=$\frac{7}{8}$（斗）。

171. 选驸马

根据题意，可设原来篮子里有李子x个，则第一次取出后篮子里还剩x–$\frac{x}{2}$–1（个），第二次取出后篮子里还剩（x–$\frac{x}{2}$–1）÷2–1（个），第三次取出后篮子里还剩[（x–$\frac{x}{2}$–1）÷2–1]÷2–3（个），因为最后“篮子里已经没有李子了”。

可以列方程为[（x–$\frac{x}{2}$–1）÷2–1]÷2–3=0

x=30

即篮子里原来有30个李子。

172. 投弹

根据题意，可设有手榴弹x枚，则“取其一半又一枚”为$\frac{x}{2}$+1（枚），“再取其余之半又一枚”为$\frac{1}{2}$×（$\frac{x}{2}$–1）+1（枚），“又取最后所余之半又二枚”为$\frac{1}{2}$×[$\frac{1}{2}$×（$\frac{x}{2}$–1）–1]+2（枚）。

所以可以列方程为：$\frac{1}{2}$×[$\frac{1}{2}$×（$\frac{x}{2}$–1）–1]–2–1=0

x=30

由此便可求出民兵人数30–1=29（人）。

173. 了解情况

根据题意，可设全连有x人，则搞训练的是$\frac{x}{2}$人，学文化的是$\frac{x}{4}$人，执勤的是$\frac{x}{7}$人，做饭的是$\frac{x}{12}$人，探亲的是2人。

所以可以列方程为 x=$\frac{x}{2}+\frac{x}{4}+\frac{x}{7}+\frac{x}{12}+2$

x=84（人）。

174. 越野接力赛

此题也可用列方程求解，设甲、乙两地相距x公里，则一排走了$\frac{x}{4}$（公里），二排走了$\frac{x}{3}$–3（公里），三排走了$\frac{x}{6}$+3（公里），四排走了$\frac{x}{12}$+6（公里）。

所以列方程得：x=$\frac{x}{4}$+（$\frac{x}{3}$–3）+（$\frac{x}{6}$+3）+（$\frac{x}{12}$+6）

x=36（公里）

甲、乙两地相距36公里，每排走9公里。

175. 买图书

设购科技资料x本，小说y本，画报z本，则有：

$$\begin{cases} x+y+z=100 \\ 10x+5y+\frac{z}{2}=100 \end{cases}$$

2×（2）–（1）得19x+9y=100

$y=\frac{100-19x}{9}$

根据题意，x、y、z都应是正整数，所以只有x=1时，才有正整数解9，代入原方程组得x=1，y=9，z=90

即小明购买的三种图书数量分别是：

科技资料1本，小说9本，画报90本。

176. 什么时间

我们都知道，时间的表示法有两种。一种

是从每天夜间零点开始算起的累计表示法。这样下午的时间就可表示为十三点(下午一点)、十七点(下午五点)……另一种是将钟表上的数字直接读出来,这样下午的时间就表示为下午一点、下午五点……由于有这样两种不同的时间表示法,所以本题的解有两个。

其一,设小玲问的时间是 x 点钟。则今日中午到现在的时间是 x-12,它的四分之一为 $\frac{x-12}{4}$,加上从现在到明天中午的时间的一半 $\frac{x+12}{2}$ 即小玲问的时间 x。

所以列方程得:$\frac{x-12}{4}+\frac{x+12}{2}=x$

x=12(时)

即小玲问的时间是 12 点钟。

其二,设从今天中午十二时到现在的时间为 x,它的四分之一为 $\frac{x}{4}$,加上现在到明天中午十二时的时间的一半 $\frac{24-x}{2}$,就是现在的时间 x。

所以列方程式得:$\frac{x}{4}+\frac{24-x}{2}=x$

x=9.6

即晚上 9 时 36 分。

177. 隔几分钟

假设每隔 x 分钟就有一辆公共汽车由始点站开出来,那么也就是说,在小明让某一辆车子追过的地方,过了 x 分钟又有一辆开到了。如果第二辆车要追到小明,那么它在余下的"12-x"分钟里面应该经过小明在 12 分钟走过的路。这就是说,小明在 1 分钟里走的路,车只要 $\frac{12-x}{12}$ 分钟就够了。

假使车是从对面开来的,那么在上一辆开过去后隔了 4 分钟,又有一辆车开到面前了,而它在余下的 x-4 分钟里要开过小明在 4 分钟里走过的路。因此,小明在 1 分钟里走的路,车只要 $\frac{x-4}{4}$ 分钟就够了。

所以列方程得:$\frac{12-x}{12}=\frac{x-4}{4}$

x=6

即每隔 6 分钟就有一辆公共汽车开出。

178. 危险的隧道

两人进入隧道全长的 $\frac{1}{4}$ 路程时听到汽车准备进隧道的喇叭声,于是开始奔逃,在小强顺原路刚跑出隧道口,汽车就进来了,即小强跑了隧道全长的 $\frac{1}{4}$ 路程出隧道口,因两小孩的速度相同,所以此时小明跑的路程应是:$\frac{1}{4}+\frac{1}{4}=\frac{1}{2}$,当小明刚跑出隧道口时,汽车也快要抵达出口处,因此小明脱离危险,显然车速比小明奔跑速度的 2 倍略慢一点。现按车速是小孩速度的 2 倍来考虑,已知小孩奔跑的速度是每一百米 12.5 秒,即 100 米 ÷12.5 秒 =8 米/秒,所以车速是 2×8 米/秒 =16 米/秒。

本题解答应是:汽车在隧道内行驶时,由于车速每秒小于 16 米,所以使得小明能在千钧一发之际死里逃生,侥幸避免了这场车祸。

179. 船长的怪题

设船长的年龄为 x,他的儿女数为 y,船的长度为 z。

解这道题,需要细心琢磨船长讲的话,例如从他所说的"我已经是四十开外的中年人了"中可知 40<x<60(一般 60 岁以上的称为老年人)。"我的儿子不止一个,我的女儿也不止一个"中可知,他儿子和女儿的总数至少为 4,即 y ≥ 4,根据题意,可以列出一个方程和一个不等式,即 xyz=32118,4 ≤ y<x<60。

另外,32118 可以分解为 4 个不同素数(除了它本身和 1 以外,不能被其他正整数所除尽的,如 2、3、5、7、11……)的连乘积,即

32118=2×3×53×101。

如果把2、3、53、101这4个不同素数搭配成3个整数连乘积，搭配方式就有六种。它们是：

$6\times53\times101$　　$3\times106\times101$

$2\times159\times101$　　$3\times53\times202$

$2\times53\times303$　　$2\times3\times5353$

根据不等式的约束条件，可知在这六种搭配方式中，符合题意的只有第一种，因此本题的唯一解为 $x=53$，$y=6$，$z=101$，即船长的年龄是53岁，他有6个儿女，船的长度是101米。

180. 游泳训练

根据题意分析，甲运动员的速度是2米/秒，乙运动员的速度是3米/秒。乙游完1500米用500秒。两人第一次相对相遇是在出发后的第10秒钟（甲游了20米，乙游了30米）；第二次相对相遇，是在出发后的第20秒钟（甲游了40米，乙游了60米）；第三次相对相遇，是在出发后的第30秒钟（甲游了60米，乙游了90米）；第四次相对相遇是在出发后的第40秒钟（甲游了80米，乙游了120米）。

甲、乙第四次相对相遇后，又过了10秒钟，即第50秒钟时，甲、乙同时到达出发一端的池壁（虽然相遇，但并非相对相遇），这时，甲游了100米，乙游了150米，接着甲、乙两运动员又同时出发。

由此可见，在甲、乙同游的每50秒钟内，也即甲每游100米，乙每游150米，两人相对相遇有四次。因此，在完成1500米的训练时，甲乙相对相遇总共有40次。乙的速度比甲快，游完规定距离就上岸了，此时甲才游完1000米，还差500米没有游完，但这剩下的500米也只有他一人在那里游了。

181. 重逢后的问题

设老王的年龄为 y，儿女数为 x，学生数为 z，根据题意可列方程：

$$xyz=19668$$

19668可以分解为如下素数的连乘的形式：$2\times2\times3\times11\times149$

根据题中“你今年四十几了”这句话就可判定老王的年龄只能在41岁到49岁之间。而19668里的素数只能组成一个 $2\times2\times11=44$，并且只有把2、2、3、11、149组成 $3\times44\times149$ 的三个数连乘才符合题意。又根据实际生活中的常识，一定是 x（儿女数）$<y$（老王的年龄）$<z$（学生数），所以，正确的答案应该是：老王的儿女数是3，年龄是44，他教的学生数是149。

182. 粗心的饲养员

设04号、05号、06号兔子吃掉的青草分别为 x、$2y$、$3z$（x、y、z 分别可取1斤、2斤、3斤三个数中的任一个）。根据题意，得：$40-(1+2+3+x+2y+3z)=6n$（n 是正整数），即 $34-(x+2y+3z)=6n$。

x、y、z 分别只是1、2、3中的任意一个，x、y、z 有下列六组：

x	1	1	2	2	3	3
y	2	3	1	3	1	2
z	3	2	3	1	2	1

分别将这六种情况代入上列式中，只有当 $x=3$，$y=2$，$z=1$ 时，才能满足 n 是正整数。所以上面不定方程的唯一解为 $x=3$，$y=2$，$z=1$。即04号吃3斤，05号吃4斤，06号吃3斤。

最后由题目已知条件可得：04号兔子与03号配对；而05号兔子与02号兔子配对；最后剩下的06号与01号配对。

183. 猜器材件数

设录像机的数目为a，录音机的数目为b，电视机数目为c，根据题目已知条件可得出：

$a(a+b)=c+120$。

c不可能是偶数，因为唯一的偶素数是2。如果c=2，则a也必定等于2，因为此时$c+120=122$，只能分解成$2\times61=2\times(2+59)$。但题目要求$a\neq c$，所以$c\neq2$。

因此，c+120只能等于奇数。但要使a(a+b)等于奇数，b就必须等于偶数，因为如果a为奇数，b为奇数，则(奇数)×(奇数+奇数)=偶数；如果a为偶数，b为奇数，则(偶数)×(偶数+奇数)=偶数；只有当a为奇数，b为偶数时，才能得到(奇数)×(奇数+偶数)=奇数。又由于b是素数，而唯一的偶素数是2，所以，b必定等于2。

由此，可列出方程$a(a+2)=c+120$整理后得$a^2+2a-120=c$。分解因子得$(a+12)(a-10)=c$。

既然c是素数，就要求$a-10=1$

所以$a=11$，而$c=(11+12)\times(11-10)=23$

184. 三对夫妇

从题意得知，每个丈夫所花的钱比他的妻子多63元，所以：

(他买的件数)^2-(她买的件数)^2=63

或$x^2-y^2=63$，即$(x+y)(x-y)=63$

从这个方程可以得到三组解：

$(63, 1)_1$　$(21, 3)_2$　$(9, 7)_3$

由于丈夫买的件数和花的钱都多于自己的妻子，可见，每一组中数目较大的属于丈夫，数目较小的属于妻子。这样，我们可列出三个联立方程组：

$$\begin{cases}x_1+y_1=63\\x_1-y_1=1\end{cases}$$

$$\begin{cases}x_2+y_2=21\\x_2-y_2=3\end{cases}$$

$$\begin{cases}x_3+y_3=9\\x_3-y_3=7\end{cases}$$

解这些方程，得：

$$\begin{cases}x_1=32\\y_1=31\end{cases}\quad\begin{cases}x_2=12\\y_2=9\end{cases}\quad\begin{cases}x_3=8\\y_3=1\end{cases}$$

从题意得知，老赵是x_1，老张是x_2，而小林是y_2，小王是y_3。所以，老赵和小李是一对，老钱和小王是一对，老张和小林是一对。

185. 开放检票口

设车站原有旅客x人；旅客增速为y人/分钟；一个检票口的检查速度为z人/分钟；要使旅客在5分钟内全部进站，需开放a个检票口。

依题意可知：

$$\begin{cases}x+30y=30z & ①\\x+10y=10\times2z & ②\\x+5y\leqslant5az & ③\end{cases}$$

由①②可知：

$$\begin{cases}x=15z\\y=0.5z\end{cases}$$

由③可知：

$$a\geqslant\frac{x+5y}{5z}=\frac{17.52}{5z}=3.5$$

又因为a必须为正整数，所以火车站至少要开放4个检票口。

186. 小张买邮票

设小张需要2分邮票x枚，1分邮票y枚，5分邮票z枚。

$$\begin{cases}2x+y+5z=100 & ①\\10x=y & ②\\x-y-z\geqslant0\end{cases}$$

由①②可知：$12x+5z=100$。

因为12x必为偶数，所以5z必为偶数。

因为5z必为整十数，所以12x也必为整十数。

又因为 x、y、z ≥ 0，所以 12x < 100，则 x=5。

因此：

$$\begin{cases}x=5\\y=50\\z=8\end{cases}$$

由此我们可以知道小张需要 2 分邮票 5 枚，1 分邮票 50 枚，5 分邮票 8 枚。

187. 乘客乘车

每站下车的乘客人数依次为：

最后一站：$3\div(1-\frac{2}{3})=9$，$9\times\frac{2}{3}=6$（人）

第四站：$9\div(1-\frac{3}{4})=36$，$36\times\frac{3}{4}=27$（人）

第三站：$36\div(1-\frac{1}{2})=72$，$72\times\frac{1}{2}=36$（人）

第二站：$72\div(1-\frac{1}{5})=90$，$90\times\frac{1}{5}=18$（人）

第一站：$90\div(1-\frac{1}{6})=108$，$108\times\frac{1}{6}=18$（人）

车上开始有乘客 108 人。

188. 小刀的价值

羊的总数为 n 头，每头卖 n 元，一共得到 $N=n^2$ 元。设 a 表示 n 的十位上的数字，b 表示 n 的个位上的数字，那么 n=10a+b，$n^2=(10a+b)^2=100a^2+20ab+b^2$。因为哥哥先取 10 元，而弟弟取最后一次时，拿到的不足 10 元，所以 n 含有奇数个 10 元，与最后剩下的不足 10 元。但是，$100a^2+20ab=20a(5a+b)$ 能被 20 整除，即含有偶数个 10 元。因此 b^2 必含有奇数个 10 元，而 b<10，即 b^2 除以 10 时必有余数，且 b^2 可能为下列各数：1、4、9、16、25、36、49、64、81。因为在这些数当中，只有 16 和 36 含有奇数个 10，所以 b^2 只可能是 16 和 36，这两个数的个位数字都是 6，也就是弟弟最后拿到的钱数（不足 10 元）。这样，哥哥比弟弟多拿 4 元。为了公平起见，哥哥必须再给弟弟 2 元，因此小刀的价值为 2 元。

189. 取袜

（1）至少取两次，最多取三次，才能得到一双同颜色的袜子。因为袜子的颜色总共只有两种，故三只袜子中至少有两只袜子颜色相同，成为一双。

（2）第一次从八只袜子中取一只袜子，被取到的可能性相等，都为$\frac{1}{8}$。其中有 4 只蓝色袜子，故第一次取得蓝色袜子的可能性等于 $4\times\frac{1}{8}=\frac{1}{2}$。第一次取出为蓝色，则在下面的七只袜子里，有三只蓝色，四只白色，故第二次取出一只蓝色袜子的可能性是$\frac{3}{7}$。所以，要连续取出两只蓝色袜子的可能性，需从第一次取出蓝色袜子的可能性的基础上去考虑。也正因为这样，所以小华连续取两次，得到一双蓝色袜子的可能性为：$\frac{1}{2}\times\frac{3}{7}=\frac{3}{14}$。

190. 抽签

他们的这种想法是不对的。

如果小王第一个抽，抽中的可能性是$\frac{1}{3}$。

小李第二个抽，他能不能抽中，与小王抽中不抽中有关。如果小王已抽中，那么小李就一定抽不中；如果小王没有抽中，那么小李有$\frac{1}{2}$机会可以抽中。由于小王没有抽中的可能性是$\frac{2}{3}$，在这种情况下，小李抽中的机会有$\frac{1}{2}$，所以小李抽中的可能性仍然是$\frac{2}{3}\times\frac{1}{2}=\frac{1}{3}$。

由于小王、小李抽中的可能性都是$\frac{1}{3}$，所以小赵第三个抽，抽中的可能性还是 $1-\frac{1}{3}-\frac{1}{3}=\frac{1}{3}$。

所以，采用抽签的方法决定谁去文化宫做管理员很公平合理，先抽、后抽机会都一样，大家都有$\frac{1}{3}$的可能性。

191. 掷硬币

根据大量次数的投掷试验证明，一个质量均匀的圆形物件（例如硬币），落地时正面朝上和反面朝上的可能性是等同的，都为$\frac{1}{2}$。

在同时抛掷两个硬币时，如果设一个硬币为A，另一个为B，那么出现的情况可能有：

A正面B正面　　A反面B反面

A正面B反面　　A反面B正面

也就是有一个可能是两个都正；有一个可能是两个都反；有两个可能为一正一反。两正、两反、一正一反的可能性分别为$\frac{1}{4}$，$\frac{1}{4}$，$\frac{2}{4}$。

从上面的分析我们可以知道，小明、小英、小强三人约定的方法对于决定第一来说是不合理的，小强得到第一的机会要多于小明、小英；对于决定第二、第三来说是合理的。

192. 比赛名次

解这道题的关键是确定他们三人一共进行了几项比赛。由题目条件得知，三人累计得分分别为22、9、9分，这样三人得分合计是40分。而由“规定”可知，每一项得分共为5+2+l=8分。于是可以知道他们一共举行了五个单项的比赛。

在确定了这一点以后，问题就好解决了。由于王小刚五个项目的累计得分为22分，因此他必定有四个项目获得第一名（如果他获得第一名的项目不满四项，则累计得分就不超过19分），另一项目得第二名。由已知条件，获得铅球第一名的是曹强，因此可以肯定这个项目的第二名是王小刚，那么得第三名的就是李军。

我们还可以通过上面的分析，进而知道曹强在除铅球以外的其余四个项目的比赛中都只得了第三名，李军都得了第二名。

193. 电影院观众

设男子为x人，女子为y人，小孩为z人，根据题意列方程得：

$$\begin{cases} x+y+z=120 \\ 5x+2y+0.1z=120 \\ x-y-z \geqslant 0 \end{cases}$$

由第二个方程我们可以得知，小孩人数必须为整十数或零。

当z=0，则方程无解，所以z为整十数。

由题意可知：

①当x=0时，取值将最小，

$z=\frac{1200}{19}\approx 63$

②当y=0时，取值将最大，

$z=\frac{4800}{49}\approx 97$

因为z为整十数，所以$70\leqslant z\leqslant 90$。

分别将z=70、80、90代入方程式可得：

只有当z=90时，x=17，y=13符合条件。

因此，电影院一共有男子17人，女子13人，小孩90人。

194. 卖炊具

设炒锅、盘子、小勺各卖了x、y、z件，根据题意列方程，得：

x+y+z=100 ①

30x+2y+0.5z=200 ②

②式 ×2- ①式，得59x+3y=300。

x=3（100−y）÷59（x、y、z都为整数）。

由于x为整数，100−y必是59的倍数，此时只有y=41时才满足条件，故y=41，x=3，z=56。

所以炒锅卖了3件，盘子卖了41件，小勺卖了56件。

195. 农民卖蛋

设第一个农民有 x 只蛋，显然第二个农民就有 $(100-x)$ 只蛋。根据第一个人对第二人说的话，可知第一人每只蛋卖 $\frac{15}{100-x}$ 克利采，因此他总共卖得了 $x\cdot\frac{15}{100-x}=\frac{15x}{100-x}$ 克利采。同样，

可知第二个人卖得 $\frac{6\frac{2}{3}}{x}\cdot(100-x)$ 个克利采由于两人所得钱一样，因此可得：

$$\frac{15x}{100-x}=\frac{6\frac{2}{3}}{x}\cdot(100-x)$$

解这个方程，得 $x=40$。

因此第一个农民有 40 只蛋，第二个农民有 60 只蛋。

196. 百鸡

设公鸡 x 只，母鸡 y 只，小鸡 z 只。根据题意可列出方程组：

$$\begin{cases}x+y+z=100\\5x+3y+\frac{1}{3}z=100\end{cases}$$

消去 z，可得 $7x+4y=100$，因此 $y=\frac{100-7x}{4}=25-\frac{7x}{4}$。

由于 y 表示母鸡的只数，它一定是正整数，因此 x 必须是 4 的倍数，我们把它写成：$x=4k$（k 是正整数）。于是 $y=25-7k$。代入原方程组，可得 $z=75+3k$。把上面三个式子写在一起，有：

$$\begin{cases}x=4k\\y=25-7k\\z=75+3k\end{cases}$$

在一般情况下，当 k 取不同的数值时，可得到 x、y、z 的许许多多组不同的数值。但是对于上面这个具体的问题，由于 y 是正整数，故 k 只能取 1、2、3 三个数值。

所以答案有三种：公鸡 4 只，母鸡 18 只，小鸡 78 只；或公鸡 8 只，母鸡 11 只，小鸡 81 只；或公鸡 12 只，母鸡 4 只，小鸡 84 只。

197. 一堆电光炮

设最后三份每份为 x 只，全部电光炮为 y 只。根据题意列出方程：

$$\frac{\frac{3x+1}{2}\times3+1}{2}\times3+1=y$$

化简为 $y=\frac{27x+15}{4}+1$。

由于电光炮只数为正整数，所以求它的最小正整数解。

当 $x=1$、2 时，y 都不是整数。

当 $x=3$ 时，$y=25$。

所以，这堆电光炮至少有 25 只。

198. 淘汰赛

因为最后参加决赛的是 2 个人，这 2 个人应该从 $2^2=4$ 个人中比赛产生，而这 4 个人又应该从 $2^3=8$ 个人中产生……如果报名的人数是 2 的正整数次幂，那么只要按照报名人数，每两人编成一组进行比赛，逐步淘汰就可以了。如果报名的人数不是 2 的正整数次幂，那么在第一轮比赛中就有轮空，即有部分运动员没有对手进行比赛。为了制造比赛的紧张气氛，人们总是将轮空放在第一轮，且安排较高水平的运动员轮空。

由此可得各轮比赛的场次为：

第一轮 $56-2^5=24$（有 8 人轮空）

第二轮 $2^4=16$

第三轮 $2^3=8$

第四轮 $2^2=4$

第五轮 $2^1=2$

第六轮 $2^0=1$

所以，共需要进行的比赛为 $24+16+8+4+2+1=55$ 场，即总比赛场次等于报名的人数减

去1。

事实上，如参加比赛的有n个人，每场比赛总是淘汰1个人，最后还剩下1名冠军，所以应淘汰n–1个人，也就是总共应进行比赛n–1场。

199. 三箱螺帽

设三箱螺帽一共有x只，第三只木箱里的螺帽是总数的$\frac{m}{7}$（是正整数）。于是可列出等式：

$303+\frac{1}{5}x+\frac{m}{7}x=x$

$x=\frac{35\times303}{28-5m}$

我们把上面的式子改写成另一种形式：

$x=\frac{3\times5\times7\times101}{28-5m}$

由于x一定是一个正整数，因此首先有：

$28-5m>0$ 即 $m<\frac{28}{5}$

其次，28–5m要能整除3×5×7×101，因此它一定是奇数。

这样，m只有以下几种情况：

m=1　m=3　m=5

把这三个数值分别代入上面的式子里，可以看出，符合条件的只有5。由此可以算出：

$x=\frac{3\times5\times7\times101}{28-5m}$

$=\frac{3\times5\times7\times101}{28-5\times5}$

$=5\times7\times101$

$=3535$

所以这三箱螺帽一共有3535只。

200. 技术革新

如果以字母a、b、c、d分别表示每次革新缩短的操作时间，它们的积为N，则N=abcd，这里a < b < c < d，且a+b+c+d=17。

设a=3，那么b不少于4小时，c不少于5小时，d不少于6小时，而a+b+c+d不少于18，与题目条件不符。因此a只能为2或1。

如果a=2，则适合于a+b+c+d=17和a < b < c < d的只有三种情况：（1）2、3、4、8；（2）2、3、5、7；（3）2、4、5、6。题目已知条件讲到，四次革新缩短时间的积是第二次革新缩短时间的40倍的条件，而这三种情况没有一个能满足。

如果a=1，则有八种情况：（1）1、2、5、9；（2）1、2、6、8；（3）1、2、4、10；（4）1、2、3、11；（5）1、3、4、9；（6）1、3、5、8；（7）1、3、6、7；（8）1、4、5、7。

符合条件的只有第六种情况。所以，第一次革新缩短的时间为1小时；第二次革新缩短的时间为3小时；第三次革新缩短的时间为5小时；第四次革新缩短的时间为8小时。

201. 节约用料

（1）由于做2件上衣和一条长裤共需用布2×7+1×6=20尺，因此以20尺作单位可得$\frac{80}{20}=4$。所以做4×2=8件上衣和4条长裤可使余料为0。

由于做10条长裤需用布60尺，而余下的布刚好为20尺，因此做2件上衣和11条长裤也可使余料为0。

（2）一段85尺的布，其个位数是5。而做上衣需用5尺布。因此不论长裤需要用去多少尺布（只要是整数），做5条，其个位数一定是5或0，剩下的料都用来做上衣，就可使余料为0。于是做5条长裤和11件上衣，或做10条长裤和5件上衣，都可使余料为0。

（3）花布长60尺，如果都做衬衫，可做11件余1尺7寸；如果都做裙子，可做16条，余布2尺4寸。如果衬衫做n件，裙子做m件，那么需用布5.3n+3.6m，其中n ≤ 11，m ≤ 16。

要使剩下的料最少，就要使上面式子取

得的值最大。依次取 $n=1、2、\cdots 11$，可知 $n=1$，$m=15$ 时，即做1件衬衫和15条裙子时，余下的布料7寸为最少。

202. 法律难题

如果认为遗嘱人愿望的主要方面是，分给儿子的一份遗产（s）与分给母亲的一份（m）是 2∶1，即儿子分得的遗产是母亲的2倍；分给母亲的一份与分给女儿的一份遗产的比为 2∶1，即母亲分得的遗产是女儿的2倍，就是说，应该把遗产分成7等份，其中2份给母亲，4份给儿子，1份给女儿，即 m∶s∶t=2∶4∶1。但是，以上的分法对母亲是不利的。实际上，遗嘱也可以这样理解，留给母亲的遗产至少是全部遗产的$\frac{1}{3}$，而上面的分法，给母亲的遗产只占全部遗产的$\frac{2}{7}$。如果母亲提出申辩，她应得到遗产的$\frac{1}{3}$，其余的$\frac{2}{3}$分给儿子和女儿，那么他们两人的遗产之比应该是 4∶1。儿子得到全部遗产的$\frac{2}{15}\times 4=\frac{8}{15}$，女儿得到全部遗产的$\frac{2}{15}\times 1=\frac{2}{15}$，即 m∶s∶t=5∶8∶2。以上就是这个问题的两种可能的分法。

203. 大象和蚊虫

数学爱好者把等式 $(x-v)^2=(y-v)^2$ 的两边同时开平方时，疏忽了代数式的变换有两种可能的结果，即开平方后或者是 $x-v=y-v$，或者是 $x-v=v-y$。在这两个等式中，正确的应该是第二个等式，这是因为 x、y 是正数，所以由原来的等式 $x+y=2v$ 得到，如果 $x>v$，那么 $y<v$（第一种情况）；如果 $x<v$，那么 $y>v$（第二种情况）。

第一种情况，$x-v>0, y-v<0$，所以等式 $x-v=y-v$ 不可能成立（正数不可能等于负数）。

第二种情况，$x-v<0$，$y-v>0$，等式 $x-v=y-v$ 也不能成立。对于等式 $x-v=v-y$，无论是第一种情况，还是第二种情况，都不与条件相矛盾。

由等式 $x-v=v-y$，可以重新得到原等式 $x+y=2v$。

204. 牛顿的“牛吃草问题”

设所求牛的头数为 x，每亩地上原有的草为 y，每亩地每星期生长草为 z。根据题意，三头牛在两星期中所吃掉的草的容积是 $2(y+2z)$，因此每头牛在每星期中所吃掉的草是：

$\frac{2(y+2z)}{3\times 2}$，即$\frac{y+2z}{3}$。

再根据题目中的第二句话，得知两头牛在四星期中吃掉的草是 $2(y+4z)$，因此每头牛在每星期中所吃掉的草是：

$\frac{2(y+4z)}{2\times 4}$，即$\frac{y+4z}{4}$

同理，x 头牛在六星期中吃完六亩地上原有的草和六星期中所生长的草，共是 $6(y+6z)$，因此每头牛在每星期中吃掉的草是：

$\frac{6(y+6z)}{6x}$，即$\frac{y+6z}{x}$

于是得到方程：

$$\frac{y+2z}{3}=\frac{y+4z}{4}=\frac{y+6z}{x}$$

解这个方程组得到：

$x=5$（头）

即5头牛能在六星期中吃完六亩地上原有的草和六星期中所生长的草。

205. 椰子的数量

设第二天早上每人所分得的椰子数为 x，那么第二天早上剩下的椰子数为 $5x+1$。晚上最后一个人起来平分时，所藏的椰子数为$\frac{5x+1}{4}$，所以他未分前的椰子数为$5\times\frac{5x+1}{4}+1=\frac{25x+9}{4}$。倒数第二人所藏的椰子数为$\frac{1}{4}\times\frac{25x+9}{4}$，原来共剩的椰子是$5\times\frac{1}{4}\times\frac{25x+9}{4}+1=\frac{125x+61}{16}$个。与上面的情况相同，倒数第三个人藏的椰子数为$\frac{1}{4}\times\frac{125x+61}{16}$，原来共剩的椰子是：$5\times\frac{1}{4}\times\frac{125x+61}{16}+1=\frac{625x+369}{64}$个。倒数第四个人藏的椰子数为$\frac{1}{4}\times\frac{625x+369}{64}$，而他没有把自己的一份藏起来之前，还剩下$5\times\frac{1}{4}\times\frac{625x+369}{64}+1=\frac{3125x+2101}{256}$个。第一个人藏$\frac{1}{4}\times\frac{3125x+2101}{256}$个，原来的椰子为：

$$N=5\times\frac{1}{4}\times\frac{3125x+2101}{256}+1$$

$$=\frac{15625x+11529}{1024}$$

$$=15x+11+\frac{265x+265}{1024}$$

因为N和x必须是整数，即265（x+1）能被1024整除，所以x的最小值为1023（因265与1024互质），因此N=15×1023+11+265=15621（个）

206. 新建的车站

设在这条铁路支线上共有n个车站，那么每个车站应该配备n–1种车票，总共有n(n–1)种车票。

如果在支线上原来有x个车站，加上新建的共有y个车站，那么需要增加车票y(y–1)–x(x–1)种。根据题目的条件，可以列出方程：

$y(y-1)-x(x-1)=46$

或$y^2-x^2-(y-x)=46$

$(y-x)(y+x-1)=46$

上式的两个因式应该都是正整数，而46分解成因数，情况只有两种：

46=2×23；46=1×46；

因为n>1，第二种情况不符合题意，舍去。

所以得到：

$$\begin{cases}y-x=2\\y+x-1=23\end{cases}$$

x=11，y=13。

因此在支线上原来有11个车站，新建两个车站，现在共有13个车站。

207. 师傅和徒弟

我们先分别用d、z、c、l表示老杜、老蔡、老赵、老梁四位师傅各自徒弟装配马达的数量，那么这四位师傅的产量就依次是：d、2z、3c、4l。根据题意可得：

d+z+c+l=14

d+2z+3c+4l=44–14=30

把后一式子与前一式子相减，有：

z+2c+3l=16

在这个式子中z、2c、3l这三项的和等于16，是一个偶数。由于c不管是什么数值，2c必定是偶数，因此要使得上述三项之和等于一个偶数（16），那么z和l就一定要么同时是奇数，要么同时是偶数。

另外，这四个徒弟装配的数量分别是2、3、4、5，这样z和l的取值就只可能是这样四种情况：2、4；4、2；3、5；5、3。而c的数值则可以由z+2c+3l=16推出。我们把它们列成一个表：

z	l	$c=\frac{16-z-3l}{2}$
2	4	1
4	2	3
3	5	–1
5	3	1

由于c的数值不可能是1或–1，因此在上述表中符合条件的只有第二种情况，也就是：z=4，l=2，c=3。把这些数值代入前面的式子，很容易算出d=5。

再根据统计员叙述的情况：小莉装2台，小强装3台，小刚装4台，小红装5台。而根据我们开始所设定的，l、c、z、d分别表示老梁、老赵、老蔡、老杜各自徒弟装配马达的数量。

综合这两个方面，就可以知道：老梁的徒

弟是小莉，老赵的徒弟是小强，老蔡的徒弟是小刚，老杜的徒弟是小红。

208. 发新书

设新书总数为 y，每个同学分配到 x 本书，那么帮助发书的同学就有$\frac{y}{x}$个。

根据老师的分配方法：

第一个同学拿 $x=10+\frac{y-10}{10}$本书；

第二个同学拿 $x=20+\frac{y-x-20}{10}$本书；

第三个同学拿 $x=30+\frac{y-2x-30}{10}$本书；

第四个同学拿 $x=40+\frac{y-3x-40}{10}$本书；

……

根据上面的式子，后一个同学比他前一个同学要多拿 $10-\frac{x+10}{10}$本书。然而实际上老师分给每个同学的书一样多，因此 $10-\frac{x+10}{10}=0$。显然 x=90。把 x=90 代入前面的任何一个式子，都可以算出 y=810。而$\frac{y}{x}=\frac{810}{90}=9$。

所以，共有新书 810 本，发书的同学有 9 个，每人分配到 90 本书。

209. 怎样错车

假定火车头 A 停在岔道左边，B 停在右边。

(1) 火车头 B 与车厢一起开到岔道口左边，送 40 节车厢到支线上，火车头与其余的车厢向后倒车。

(2) 火车头 A 带去支线上的 40 节车厢。火车头 B 与 40 节车厢再倒回到支线上。

(3) 火车头 A 牵引着前后的 40 节和 80 节车厢开到岔道口右边的空轨上。而火车头 B 与 40 节车厢从支线上开到岔道口的左边。

(4) 火车头 A，与 120 节车厢一起开到岔道口左边，将自己的 80 节车厢留下，把属于火车头 B 的 40 节车厢送到支线上。

(5) 在支线上的火车头 A，将 B 的 40 节车厢解下后返回到轨道上，挂上自己的 80 节车厢，开到岔道口右边的轨道上。火车头 B 与 40 节车厢一起退到支线上，将支线上的 40 节车厢挂上，开到岔道口的左边。

经过上面的一番调度后，两列火车就可以按照自己原来的方向行驶了。

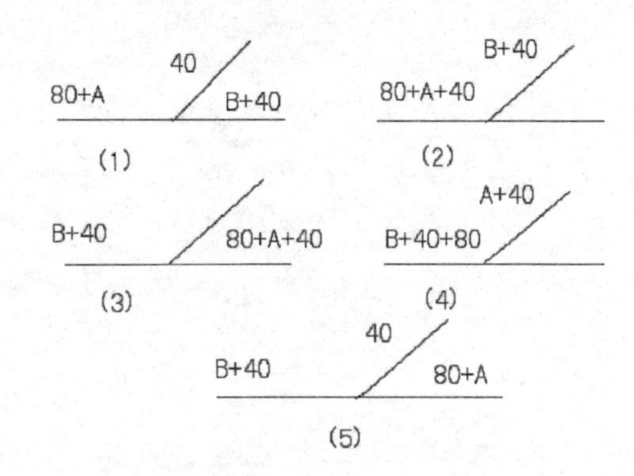

210. 钟没有停

根据题意，可设小松开始解题时是 7 时 x 分。如果以钟面分成 60 个小分划来计算，那么这时分针在第 x 个分划处，时针在第 $5\times7+\frac{x}{12}$个分划处，两者相距 $x-(5\times7+\frac{x}{12})$个分划。由题意可知此时分针在时针之前，故 $x>5\times7+\frac{x}{12}$。为了运算简便，下面我们用 m 来表示 $x-(5\times7+\frac{x}{12})$。

当分针走了一个多小时到达时针原来的位置时，它共走过 $2\times60-m$ 个分划；与此同时时针走到分针原来位置，它走过 m 个分划。

因为 1 小时分针走过 60 个分划，时针走过 5 个分划，因此时针的移动速度 $V_{时}$与分针移动速度 $V_{分}$之比$\frac{V_{时}}{V_{分}}=\frac{5}{60}=\frac{1}{12}$。因而它们走过的路程 $S_{时}$、$S_{分}$之比$\frac{S_{时}}{S_{分}}=\frac{V_{时}\cdot t}{V_{分}\cdot t}=\frac{V_{时}}{V_{分}}=\frac{1}{12}$，也就是$\frac{m}{2\times60-m}=\frac{1}{12}$。由此可得 $m=9\frac{3}{13}$。

由于分针走过的分划可以表示实际经过

的时间，所以由此可以得知小松解题所花费的时间是 $2\times60-m=110\frac{10}{13}$分钟，约为 1 小时 50 分。

因为 $x-(5\times7+\frac{x}{12})=m=9\frac{3}{13}$，所以 $x=48\frac{36}{143}$分 $\approx$ 48 分。我们可以知道小松开始做题的时间大约是 7 时 48 分，到 9 时 38 分做好这道题目。

第三部分 巧填智解

211. 从1回到1

有七行依次排列的数字：

1　2　3=1

1　2　3　4=1

1　2　3　4　5=1

1　2　3　4　5　6=1

1　2　3　4　5　6　7=1

1　2　3　4　5　6　7　8=1

1　2　3　4　5　6　7　8　9=1

要求不改变数字排列的顺序，在每行中的各个数字之间加上算术运算的符号，然后进行计算，使每行计算的结果都等于1。运算的顺序应当从左到右。如果需要先做加减，后做乘除，那么可以加上括号。

212. 括号里的数

下列两张表里的数的排列存在着某种规律。你能找出这个规律，并根据这个规律把括号里的数填进去吗？

2	5	6	7	11
8	10	（ ）	4	18
6	10	12	9	20

（表一）

2	13	5	6
4	11	5	7
7	（ ）	4	10
7	11	1	12

（表二）

213. 把字母换成数字

下面是用字母表示的算式，每个字母在同一个算式中代表一个数字。

请你把下面算式里的字母换成数字：

(1)
```
  A B
+   B
-----
  B A
```

(2)
```
    C
    C
+   C
-----
  D C
```

(3)
```
  E F
  E F
  E F
+ E F
-----
  G E
```

(4)
```
  K K K
+     M
-------
M N N N
```

214. 调换数字

图中每个梯形四角及对角线上的四个数之和都是18，但正方形四角四数之和不是18。请你调换两对数的位置，使正方形四角四数之和也是18。

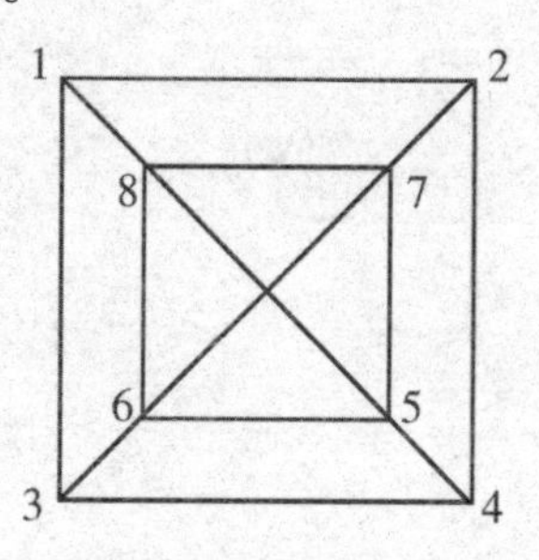

215. 布置花盆

为了迎接节日，园丁想用二十五盆花布置一个花池，要求将这二十五盆花摆在十二条直线上，且每条直线上均有五盆花。应当怎样布置？

216. 数字之和等于 27

将下图中的空白填上数，使得每行、每列和对角线上的数字相加都等于 27。

		9		
		6		
2			7	
	6			3

217. 4 个 5

下面是五组算式，现在请你用 +、-、×、÷ 和( )使左右两边相等。

1=5　5　5　5

2=5　5　5　5

3=5　5　5　5

4=5　5　5　5

5=5　5　5　5

218. 数字 A

从下面的算式中，你可判断 A 是什么数字吗？

A×A÷A=A

A×A+A=A×6

（A+A）×A=10×A

219. 字母等式

式中不同的字母各表示一个数字，如 ab=10a+b 请你把它们写出来：

$(cc)^2+(ab)^2=abcc$

220. 不同的组

观察下面的几组数字，找出与其他组不同的一组。

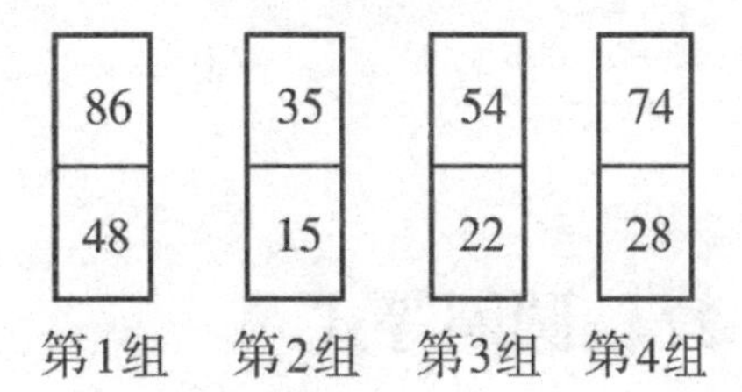

221. 金字塔

根据左边“金字塔”的规律，想一下，右边的问号处应填什么数字。

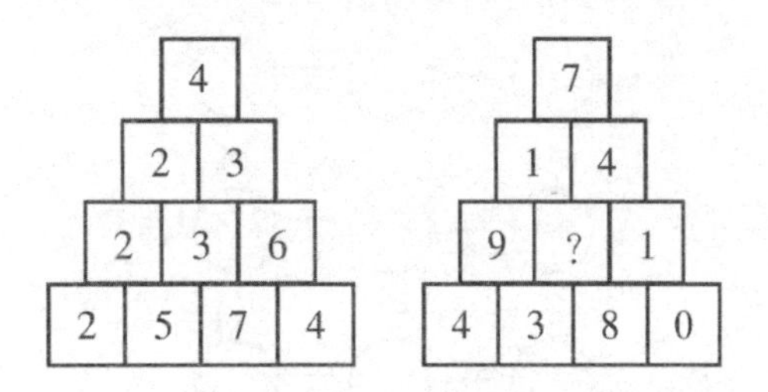

222. 乘积与和

有三个非 0 的数的乘积与它们之和都是一样的。请问：这三个数是什么？

X×Y×Z=G

X+Y+Z=G

223. 第 7 个数

仔细观察下面一组数，想一想问号处应该是多少。

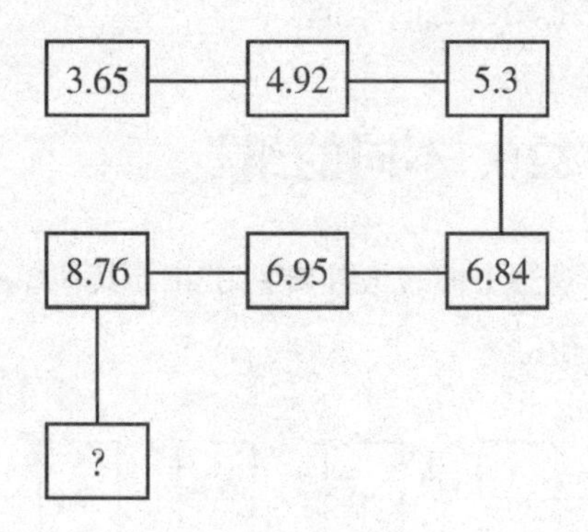

224. 圆圈等式

图中 9 个圆圈组成四个等式，其中三个是横式，一个是竖式。现在你要将 1~9 这九个数字填入这 9 个圆圈中，使得这四个等式都成立，你知道怎么填吗？注意：1~9 这九个数字，每个必须填一次，即不允许一个数字填两次。

225. 变三角形

下图有 4 个正三角形，你能不能再添加一个正三角形，使之变成 14 个正三角形呢？

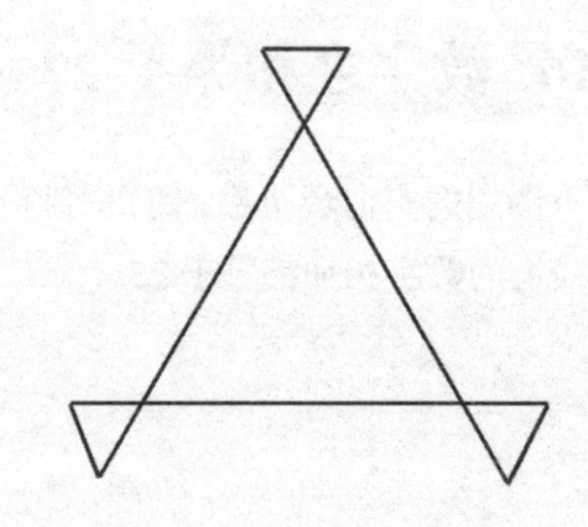

226. 三颗五角星

仔细观察下面的星星，看看最后一颗星星中缺少什么。

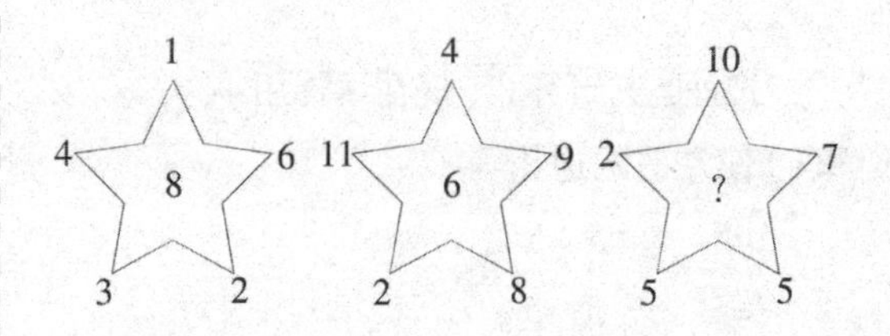

227. 八方格

下图中有 8 个方格，请你将数字 1~8 分别填入这些方格中，使在一条直线上的 3 个数之和都等于 14。

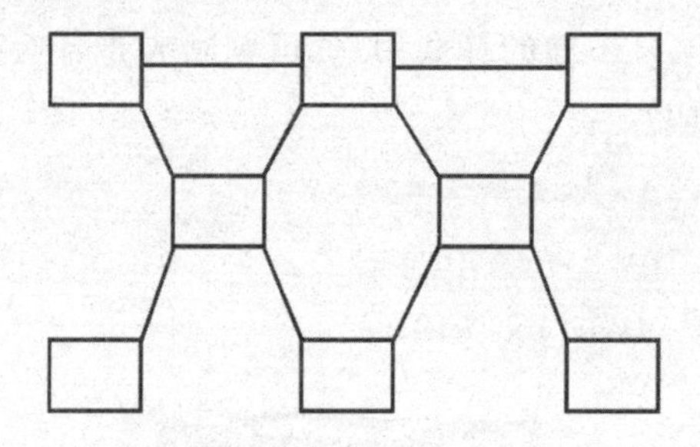

228. H 形图

仔细观察下面四组 H 形的图，前三组都由数字组成。根据这三组，你能说出问号的地方填什么数字吗？

3		9
7	2	2
4		1

1		6
5	7	3
4		8

9		8
2	1	7
6		3

4		5
8	?	1
2		3

229. 特殊三角形

下面是一个由三角形组成的特殊数列，每个三角形中都有一个数字，那么你知道问号处的数字是多少吗？

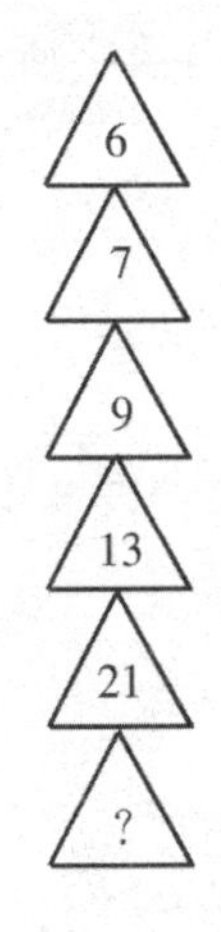

230. 数字圆盘

仔细观察下图，想想圆盘问号处该填入什么数字。

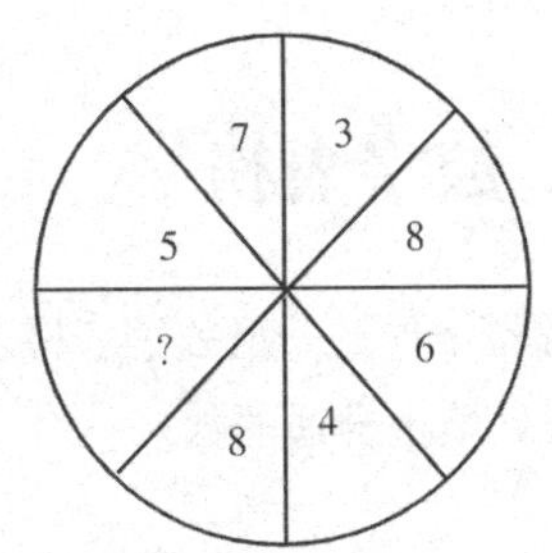

231. 数字阶梯

下面是个数字阶梯图，请你在问号的位置上填上合适的数字来完成这个阶梯状图形。那么你知道这个数字是多少吗？

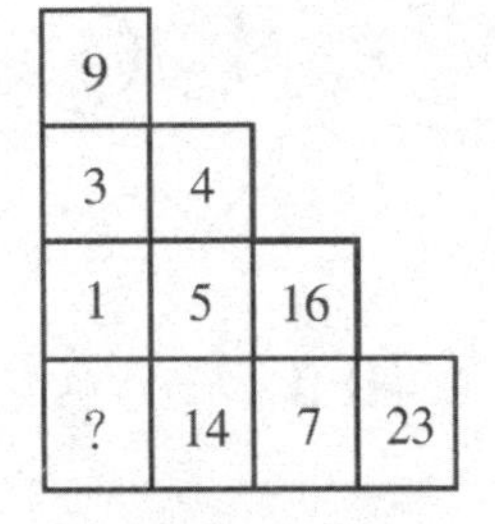

232. 变换数字

在一个圆周内交切着五根直线，使得圆周上有 10 个交叉点（如图）。其中只有两条直线相对的两数之和相等（如 10+1 = 5+6），如调换一下下图中的数字，可使任何两条直线上相对的两和相等，应怎样调换？

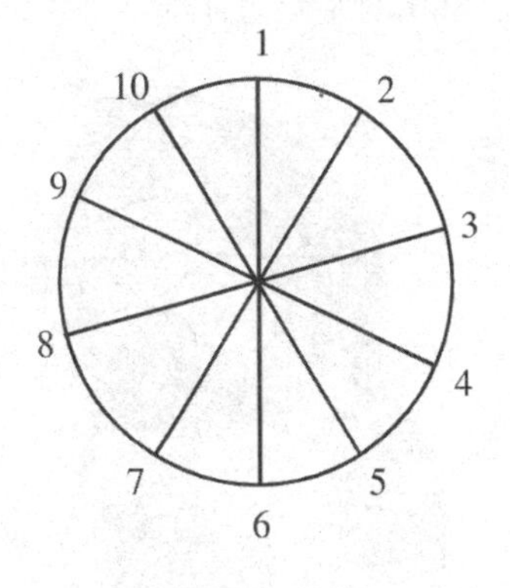

233. 数字阵

小卫是个数字爱好者，他想用数字布一个阵，但最后一个数字不知道填哪个了，你能帮助他将这个阵完成吗？

234. 1和3

请你用5个1和5个3组成两个算式，使其答案都等于100。

1 1 1 1 1

3 3 3 3 3

235. 6个8

将6个8组成若干个数，使其相乘和相加后等于800，你应该怎样排？

236. 圆与三角形

图中小圆和三角形里的数字之间存在着一定规律，请你找出这个规律，并在图中问号处填上合适的数字。

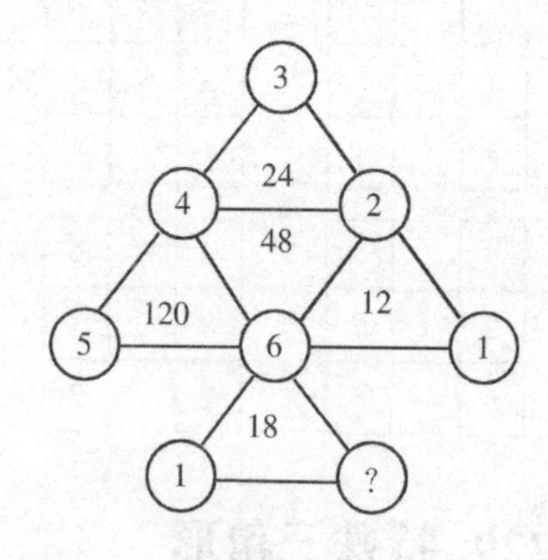

237. 怪异的等式

在下图中的圆圈里填入数字1～5，使与每个圆圈直接相连的各个圆圈中的数字之和与这个圆圈内数字所代表的值相等。例如：

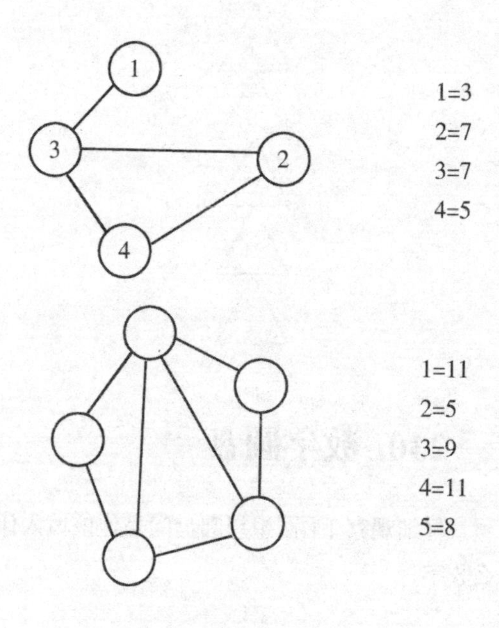

238. 数字表格

仔细观察下面这一组数字表格，然后在表格中的问号处填上合适的数。

2	9	6	24
6	7	5	47
5	6	3	33
3	7	5	?

239. 特殊的数

下图中的圆圈里有一个特殊的数，请你将它找出来。

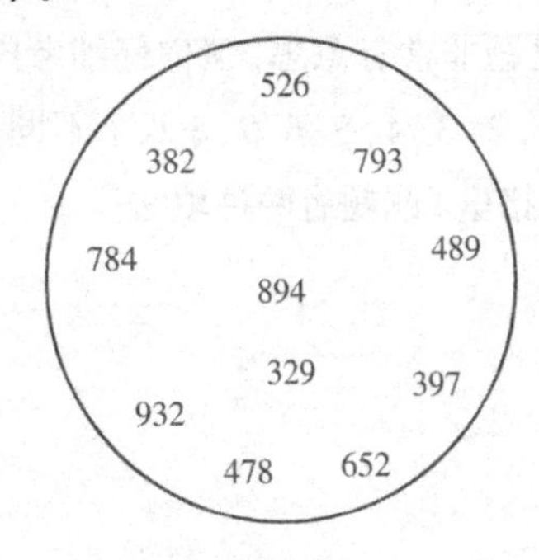

240. 重叠图形

下图中的5个问号分别代表5个连续的数，加起来的结果，长方形中的数等于53，三角形中的数等于79，椭圆形中的数等于50，五个数的总和等于130。请问图中的问号分别是哪五个数？

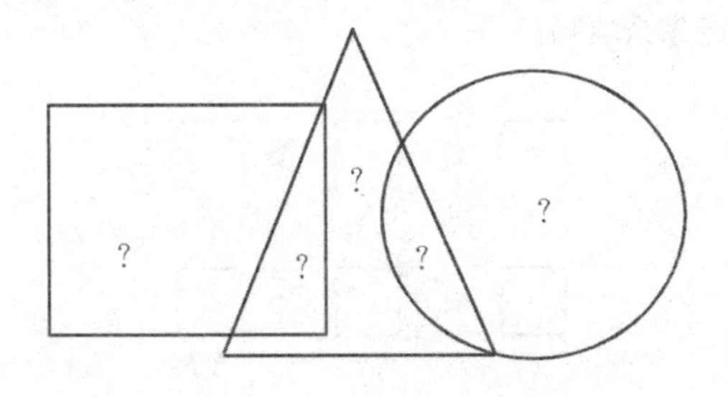

241. 最大整数答案

把 +、−、×、÷ 填入下列算式中，使下面这个算式得出最大的整数答案，那么，这几个数字中间分别应填什么符号？注意：+、−、×、÷ 只能使用一次，也可以使用一次小括号。

4　2　5　4　9＝

242. 数字游戏

下图16格除了“数字游戏”四个字外，其余每格中的两位数都是由1、6、8、9组成的。并且横行、竖行四个数的和都相等。现在将汉字换成两位数，也要由1、6、8、9来组合。使斜行的四数之和也跟横行、竖行的数之和相等。这些汉字是什么数？

96	11	89	68
88	数	字	16
61	游	戏	99
19	98	66	81

243. 8个方格

下图有8个方格，请你将1~8这8个数字分别填到这些方格中，使方格里的数不论是上下左右、中间，还是对角的四个方格以及四个角之和都等于18。

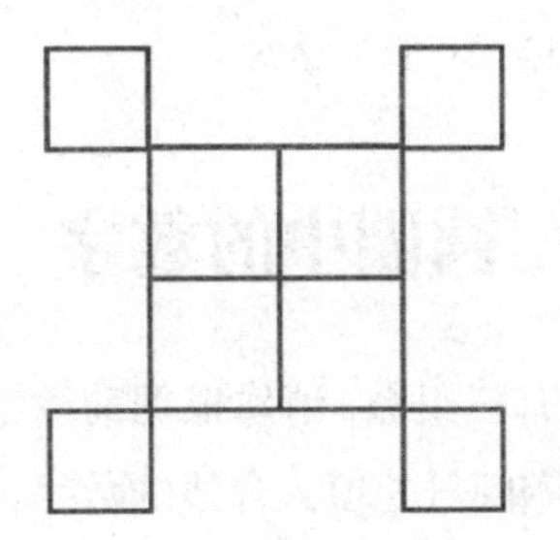

244. 缺数

仔细观察下面这一组数字，然后在方格中的问号处填上合适的数。

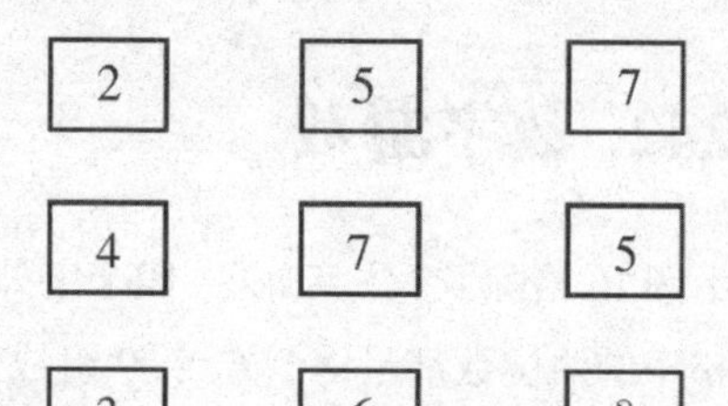

245. 两组数

下面有两组数，请你根据第一组数，推算出第二组数中的问号是什么数。

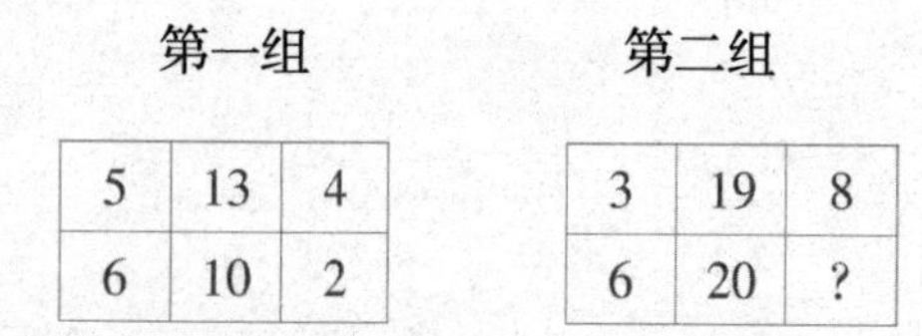

第一组

5	13	4
6	10	2

第二组

3	19	8
6	20	?

246. 排列数字

下面一组数已被打乱，在被打乱之前它们之间有一个非常有趣的规律。请你仔细想想，找出这个规律，然后按照这个规律把这些数重新排列起来。

3 5 13 21 1 1 2 8

247. 圆圈中的数字

下面有三组数，请你根据前两组数，在第三组的圆圈问号处填入合适的数字。

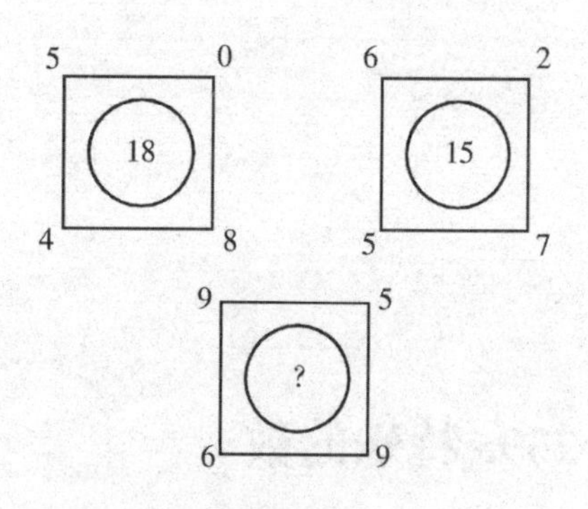

248. 不同填法

这道题非常有意思，请你仔细考虑一下，然后把 1、2、3、4、5、6、7、8 八个不同的数填入下图空格里。此题有两种填法。

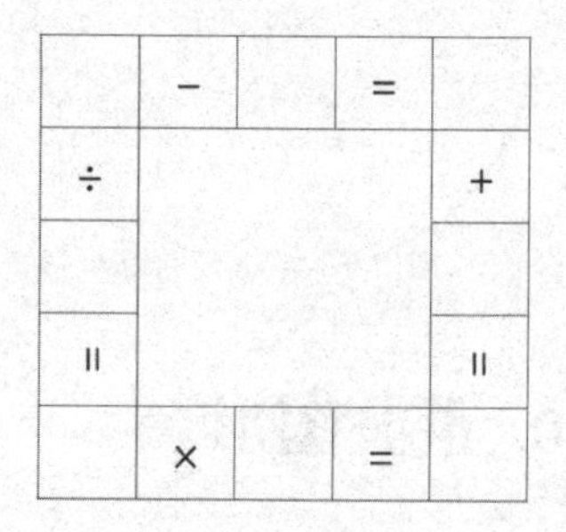

249. 填数成不等式

把 1、2、3、4、5、6、7、8、9 这九个数分别填入图中的九个方框内，使不等式成立。你知道怎么填吗？

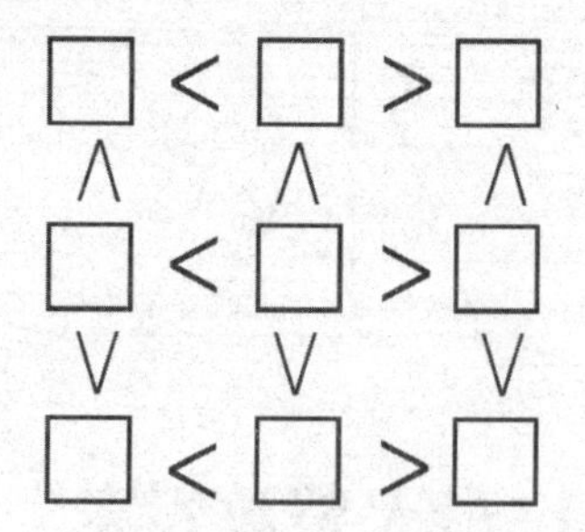

250. 余下的 3 个数

有 5 个一位数，它们的和为 30，积为 2520，这 5 个数知道了其中两个，它们分别是 1 和 8，余下的三个数是多少？

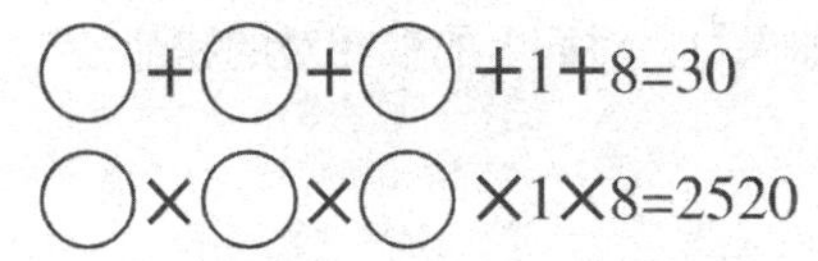

251. 四个数字

下图是一组数，现在为了使这组数的竖列和横列的数字之和等于 70，只需要将其中的四个数字删掉就可以了。你知道该删掉哪四个数字吗？

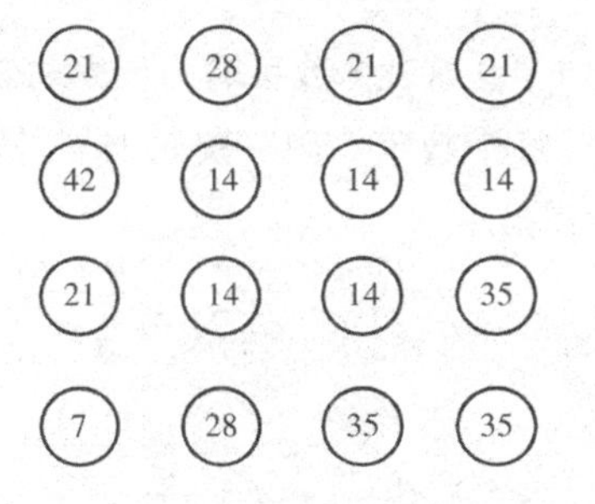

252. 相同的数

如果下图中 3 个空格里是同一个一位数，请问这个数是几？

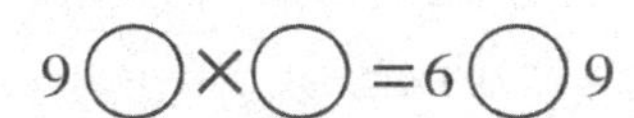

253. 找数

下面数字中隐藏着两个数，这两个数相加的和为 10743，其中一个是另一个的两倍。请你把这两个数找出来。

254. 填字母

仔细观看下图，想想问号处应填什么字母。

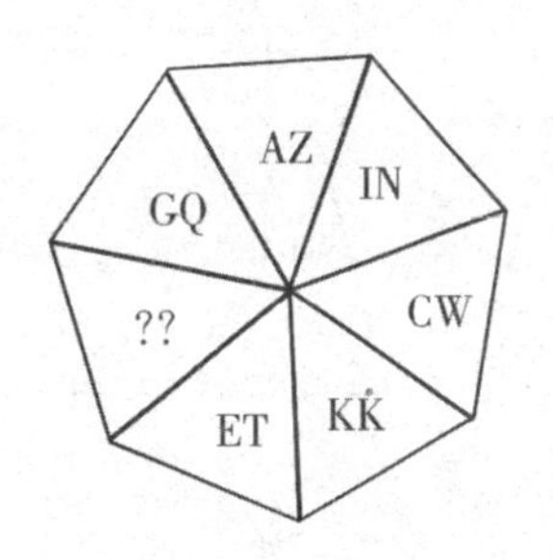

255. 台球比赛

在一次台球比赛中，一枚台球击中了球台的边缘，如下图中箭头标示的位置。如果这枚台球仍有动力继续滚动，那么它最后将落入哪个球袋呢？

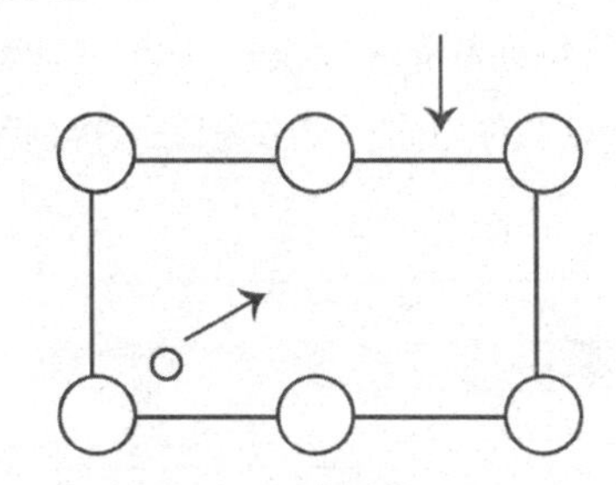

256. 调换位置

下图中 6 个方格里放着 5 枚棋子，现在要对调一下兵和卒的位置。要求不能将棋子拿起来，只能把棋子推到相邻的空格里，那么要推动几次呢？

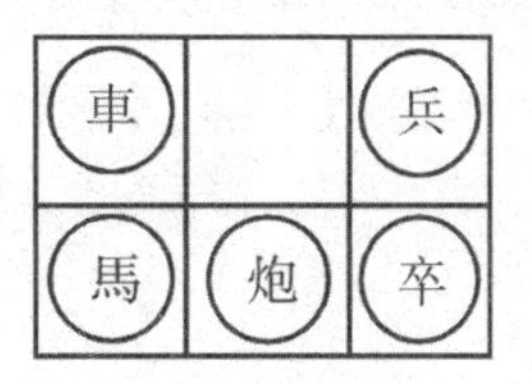

257. 三角形里的字母

在问号处填什么字母能延续图形的规律?

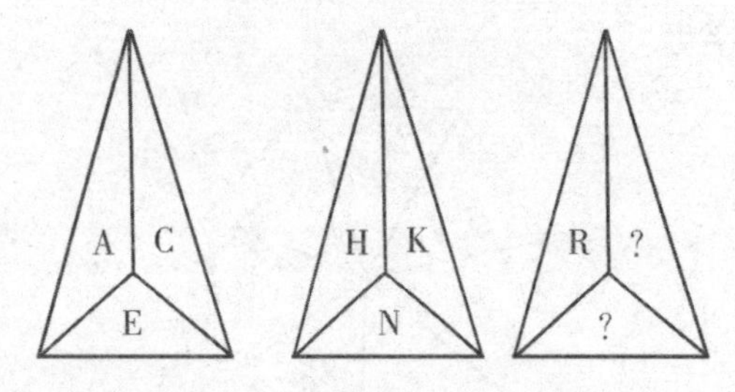

258. 巧摆棋子

吉姆对围棋非常感兴趣,但棋艺不佳,于是决定拜围棋冠军罗斯为师。吉姆见了老师,说明来意之后,罗斯将吉姆引入棋室,指着桌上的一个棋盘(如图)说:“我给你18枚黑棋子,你在棋盘的小方格上摆棋子,每格只能放1个,要使每行每列都有3枚棋子。你要是能够办到的话,我就收你为徒。”吉姆该怎么排列呢?

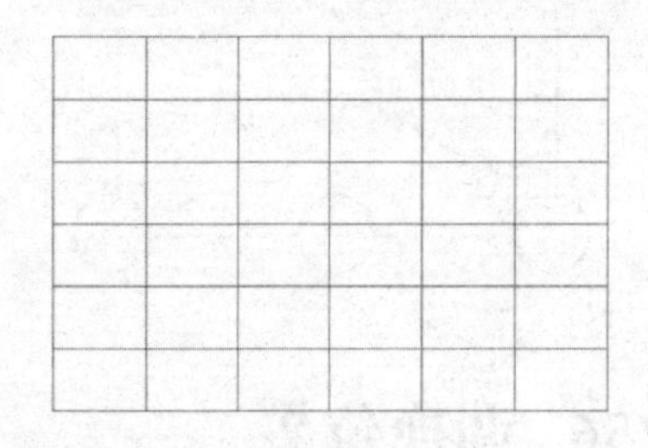

259. 放棋子

下图是一个棋盘,将一个白子和一个黑子放在棋盘线交叉点上,但不能在同一条棋盘线上,共有多少种不同的放法?

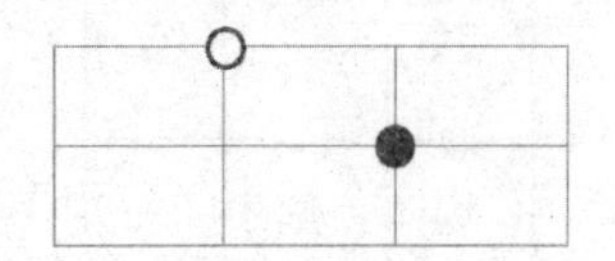

260. 折叠正方形

下图由六个正方形组成,将它们折叠可以组成一个正方体,正方体的表面编数码为1、2、3、4、5和6。现在却漏写了3个面上的数字。如果每一对面上的数相对的和都是7,求k的值。

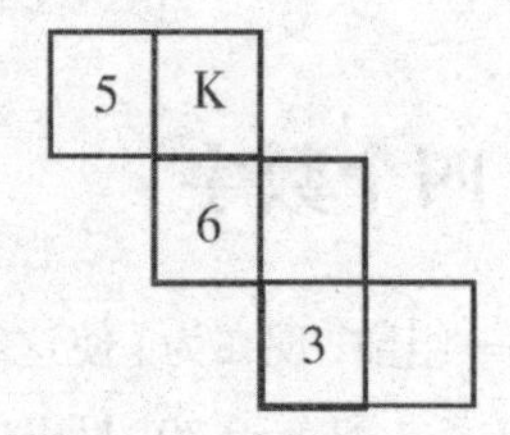

261. 相乘的积最小

把1~9这九个数字填入下面算式的九个圆圈中(每个数字只用一次),使三个三位数相乘的积最小。

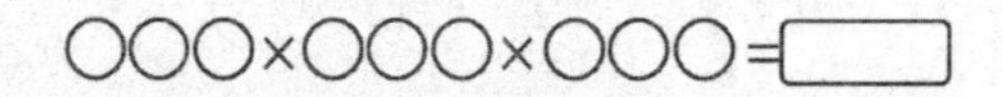

262. 读诗解数

李白是我国唐代著名的诗人,被人们誉为“诗仙”。他有一首著名的诗《静夜思》,这首诗共有20个字,恰好有如下的关系:

床前 = 明月 + 光,

疑是 = 地上 × 霜。

举头 × 望=明月,

低头 × 思=故乡。

其中,每个汉字分别代表0~9中的一个不同的数字;相同的汉字表示相同的数。你能将这个算式的谜题破解,把每个字代表的数字写出来吗?

263. 被 3 除尽

从下面一组数中随便找出 3 个数字组成一个新数，但其中任意 2 个数字不能来自同一行或同一列。判断哪组新数能被 3 除尽。这样选择的新数无法被 3 除尽的可能性有多少？

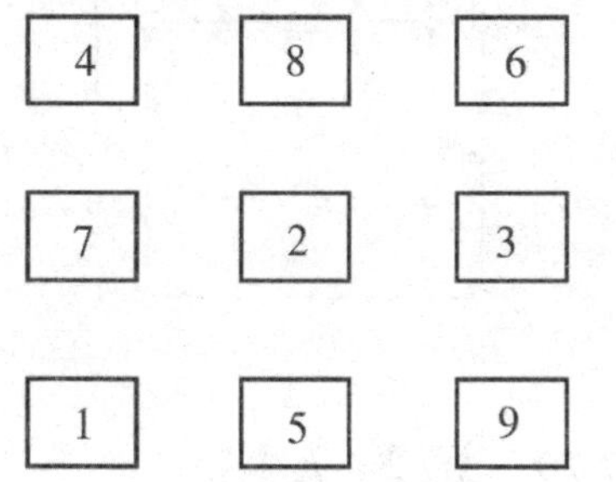

264. 巡视房间

下图是一个档案库的示意图，一个管理员从图中入口处进入，他要将所有的档案室巡视一遍。现在他想到图中标示着“A”的档案室，要求每个档案室只能经过一次。请问这个管理员应该如何走？

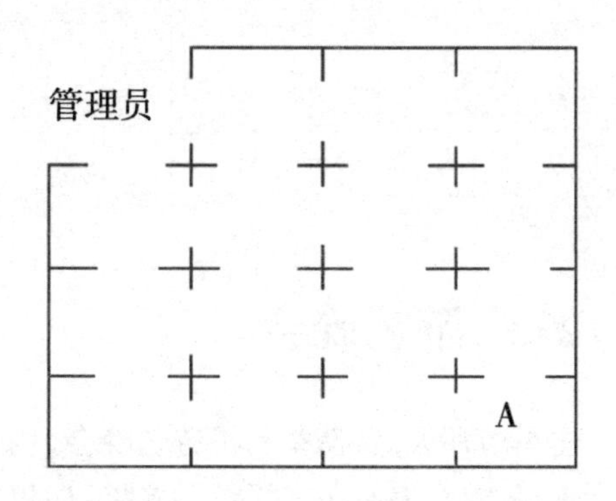

265. 镜子里的数

我们从镜子里看某个物品，会看到与这个物品相反的影像。现在有两组数字（共 4 个）在镜子里看时正好相反，并且它们之间的差均为 63。你知道这两组数字分别是什么吗？

266. 新学期的礼物

妈妈从商店给小丽带回了一些文具，妈妈说：“这支金笔的价钱是 BBC 分，那只铅笔盒的价钱是 CA 分，一块橡皮 A 分，加起来共花了 ABC 分，现在袋中还剩一分，A、B、C 各代表一个数字，你算算看，我带去的钱是多少。”

267. 找位置

将奇数 1、3、5、7、9……按下表排成五列。

	1	3	5	7
15	13	11	9	
	17	19	21	23
31	29	27	25	
	33	35	37	39
47	45	43	41	
	49	51	53	55

……

例如，13 排在第 2 行第 2 列，25 排在第 4 行第 4 列，43 排在第 6 行第 3 列。那么 1993 排在第几行第几列？

268. 还原数字

在一次数学课上，老师给大家出了这样一道有趣的题：已知 abcd 的 9 倍是 dcba，问 a、b、c、d 各代表什么数字？

269. 不同的填法

下图中已填好了 6 和 7 两个数，再从 1、2、3、4、5 中选出 4 个数填在图中空格中，要使填好的格里的数右边比左边大，下边比上边大，那么不同的填法一共有多少种？

		6
		7

270. 三数之和相等

下面方格中每横行、每竖行、每条对角线上的三个数之和都相等，那么方格中的 A、B、C、D、E 各是多少？

19	A	14
10	B	C
D	18	E

271. 填数入圈

请你把 1 ~ 8 这八个数分别填入下图所示正方体顶点的圆圈里，使每个面的 4 个角上的数之和都相等。

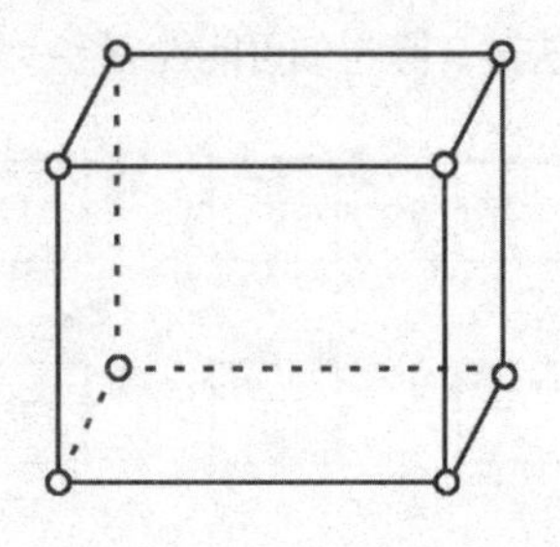

272. 填数入格

下图是一个正方形，被分成 6 横行、6 纵列。在每个方格中，可任意填入 1、2、3 中的一个数字，但要使每行、每列及两条对角线上的数字之和各不相同，这可能吗？为什么？

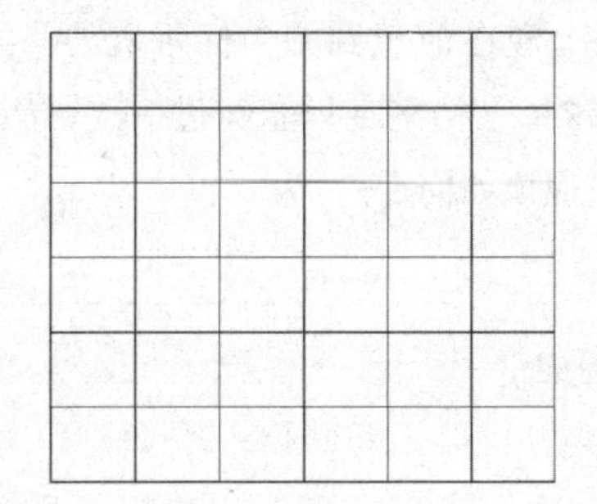

273. 游艺晚会

建军节那天，部队举行了游艺晚会。为了增加现场气氛，首长出了这样一道题：任想九个连续自然数，依“热烈庆祝八一建军节”九个字的顺序分别填入下图各空白圆圈内，使每条直线上的三个数之和均等于 81。

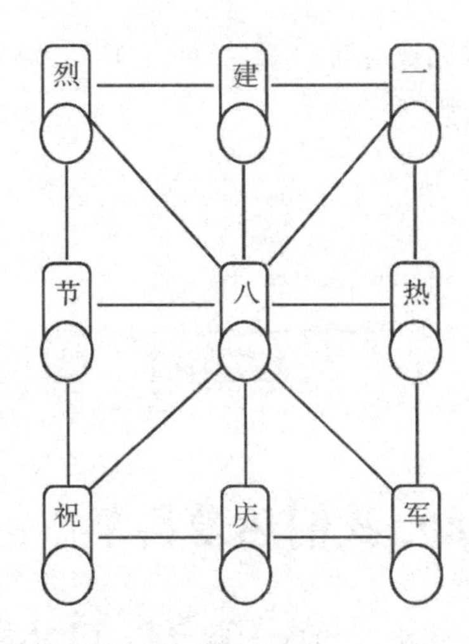

274. 算车牌号

星期天的早上，杰克早早就起来了，因为爸爸今天要带他去春游。爸爸在往车上放东西的时候，发现车牌松动了，便让杰克帮忙把车上的车牌重新装一遍。杰克卸下来重新装好后，爸爸被逗笑了：“儿子，你把车牌装倒了！现在这个数比原来的数字大了78633！”你能根据爸爸所说的话，知道车牌是哪五位数吗？

275. 填数游戏

把数字1~12分别填入图中各圆圈中，使图中四个三角形的三边六个圆圈中的数字之和都相等。

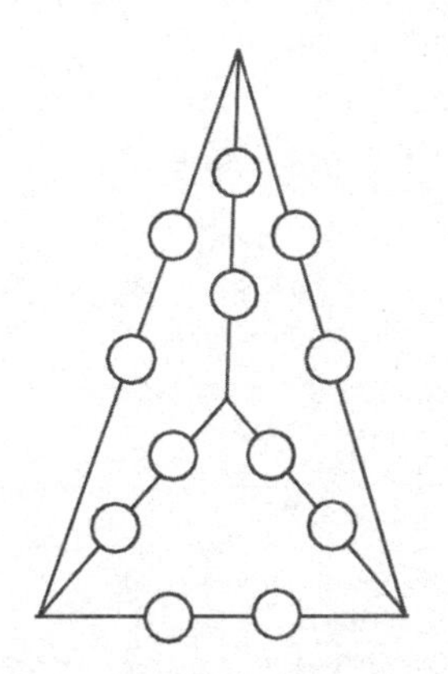

276. 古旧的纸片

在一位古代数学家的藏书中夹着一张十分古旧的纸片。纸片上的字迹已经非常模糊了，只留下曾经写过字的痕迹，依稀还可以看出它是一个乘法算式。这个算式上原来的数字是什么呢？夹着这张纸片的书页上，“质数”两字被醒目地勾画了出来。有人对此作了深入的研究，果然发现这个算式中的每一个数字都是质数。请你仔细想一想，并把这个算式写出来。

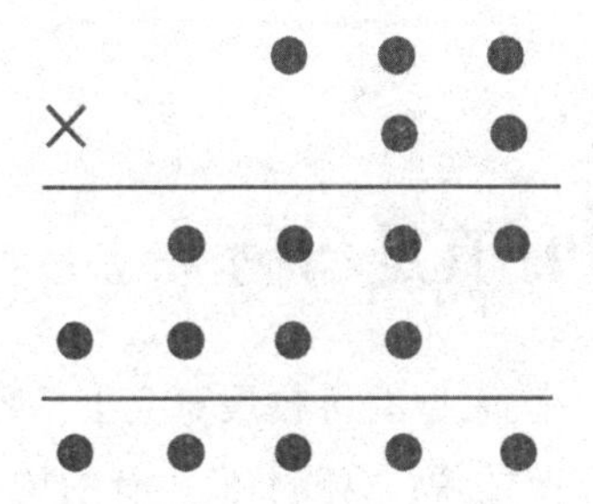

277. 破译情报

某情报机构截获敌人的一份秘密情报。经过初步破译得知，下月初，敌军的三个师的兵力将分东西两路再次发动进攻。在东路集结的部队人数为“ETWQ”，从西路进的部队人数为“FEFQ”，东西两路总兵力为“AWQQQ”，但具体兵力却是个未知数。后来，这个难解的密码竟然被一位士兵破译了。你知道这个士兵是怎么破译的吗？

$$\begin{array}{r} E\ T\ W\ Q \\ +\ F\ E\ F\ Q \\ \hline A\ W\ Q\ Q\ Q \end{array}$$

278. 算式复原

一次，数学老师在课上给大家出了道题（如图）。图上的每一个 × 原来都是数字，请大家帮助恢复题目原来的面目。

```
                ××8××
       ×××)××××××××
             ×××
          ─────────
              ××××
               ×××
          ─────────
                ××××
                ××××
          ─────────
                   0
```

279. 真是巧啊

在一次大型的科技展览会上，观众们连声称赞，有的说："巧啊巧。"有的说："真是巧。"一位数学家听见了，补充说："这两句话加起来，答数是'真是巧啊'！"观众们惊奇地看着他，数学家说："这是一道'真是巧'的算术题。我把它写出来。"（如下图）

请你算一算，"真""是""巧""啊"各代表什么数字。

```
      巧啊巧
  +   真是巧
  ──────────
    真是巧啊
```

280. 我们热爱科学

在学校举行的联欢晚会上，主持人出了这样一个算式：

```
    我们热爱科学
  ×           学
  ──────────────
    好好好好好好
```

算式中的每一个汉字都代表一个数。现在请你开动脑筋，用数字把这个算式表示出来。

第三部分　巧填智解答案

211. 从 1 回到 1

（1+2）÷3=1,

1×2+3−4=1;

〔（1+2）×3−4〕÷5=1,

（1×2+3−4+5）÷6=1,

{〔（1+2）×3−4〕÷5+6}÷7=1,

〔（1+2）÷3×4+5+6−7〕÷8=1,

（1×2+3+4−5+6+7−8）÷9=1。

212. 括号里的数

表一的中间一行数都是第三行的数同第一行对应的数的差的 2 倍。所以这个表里括号中应填的数为（12−6）×2=12。

表二的第二列的各个数都是对应的第四列同第一列两数的差的 2 倍与第三列的数的和。所以这个表里括号中应填的数为（10−7）×2+4=10。

2	5	6	7	11
8	10	（12）	4	18
6	10	12	9	20

（表一）

2	13	5	6
4	11	5	7
7	（10）	4	10
7	11	1	12

（表二）

213. 把字母换成数字

（1）
$$\begin{array}{r} 89 \\ +\ 9 \\ \hline 98 \end{array}$$

（2）
$$\begin{array}{r} 5 \\ 5 \\ +\ 5 \\ \hline 15 \end{array}$$

（3）
$$\begin{array}{r} 23 \\ 23 \\ 23 \\ +\ 23 \\ \hline 92 \end{array}$$

（4）
$$\begin{array}{r} 999 \\ +\ 1 \\ \hline 1000 \end{array}$$

214. 调换数字

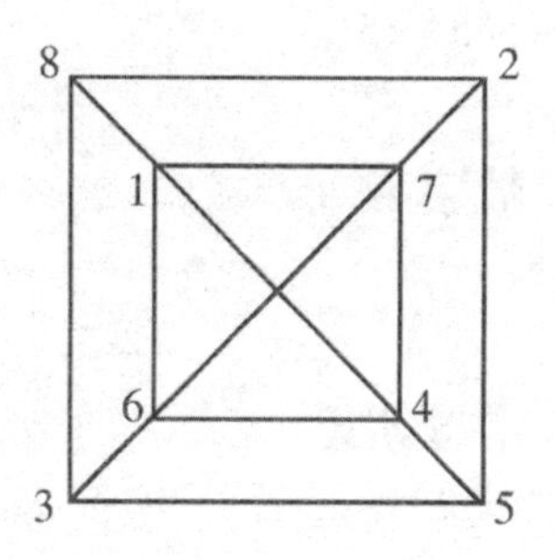

215. 布置花盆

按照下图布置的花池，就能将二十五盆花分别摆在十二条直线上，且每条直线上又均有五盆花。

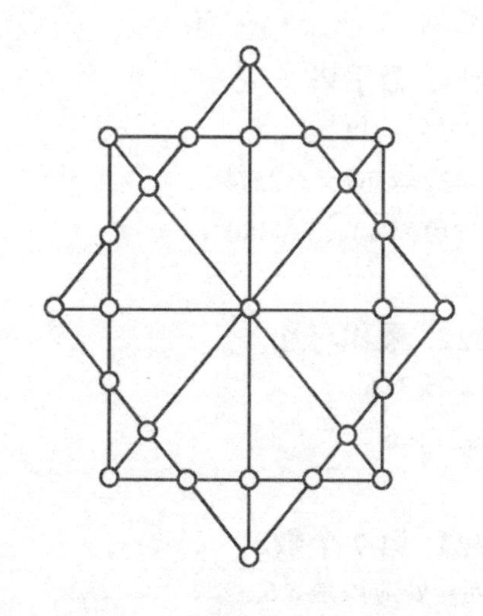

216. 数字之和等于 27

6	2	9	3	7
3	7	6	2	9
2	9	3	7	6
7	6	2	9	3
9	3	7	6	2

217. 4 个 5

1=5×5÷5÷5

2=5÷5+5÷5

3=（5+5+5）÷5

4=（5×5–5）÷5

5=5+（5–5）×5

218. 数字 A

A 是 5。

219. 字母等式

$33^2+12^2=1233$。

220. 不同的组

第 3 组与其他组不同。在其他的几对数字之中，将组成上方数字的两个单独的数字相乘，即可得到下面的数字。如，3×5=15。

221. 金字塔

问号处应填 3。

（422+436）×3=2574

（719+741）×3=4380

222. 乘积与和

1×2×3=6

1+2+3=6

223. 第 7 个数

问号处应该是 8.6。

有两个序列，分别加上 1.65 和 1.92。如：3.65+1.65=5.3，4.92+1.92=6.84，以此类推。

224. 圆圈等式

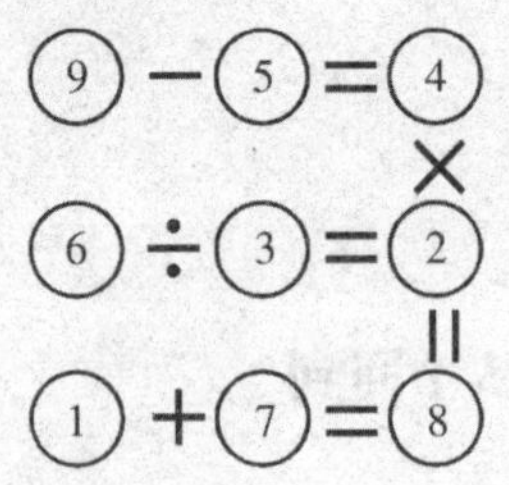

225. 变三角形

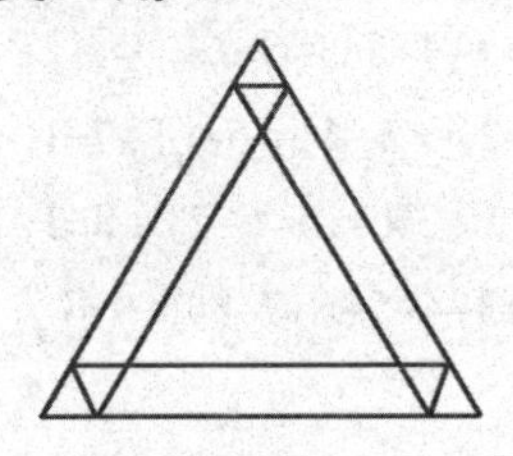

226. 三颗五角星

缺的是 5。

在每个星星中，把星星角上的偶数相加，再把奇数相加，偶数和与奇数和相减就是中间的数字。

227. 八方格

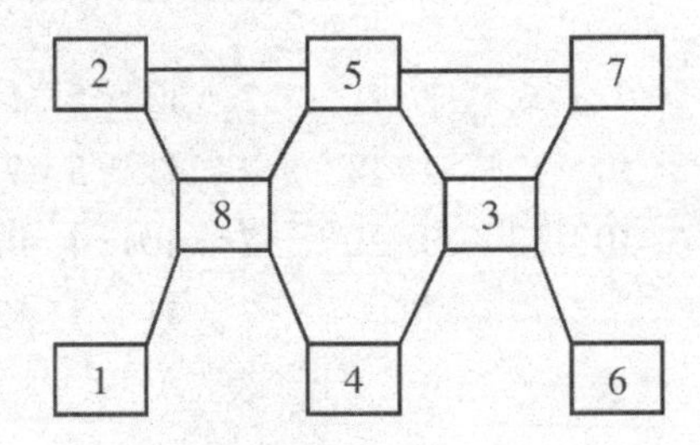

228. H 形图

问号处应填 5。

在每个 H 行图形中，先把左边的三个数字相加，再把右边的三个数字相加，两者的差就是中间的数字。

229. 特殊三角形

问号处的数字是 37。

从上向下进行，把每个数字乘以 2，再减去 5，就得到下一个数字。

230. 数字圆盘

问号处该填入 3。

互为对角部分的数字之和等于 11。

231. 数字阶梯

10。

按纵列进行计算，每列数字之和都是 23。

232. 变换数字

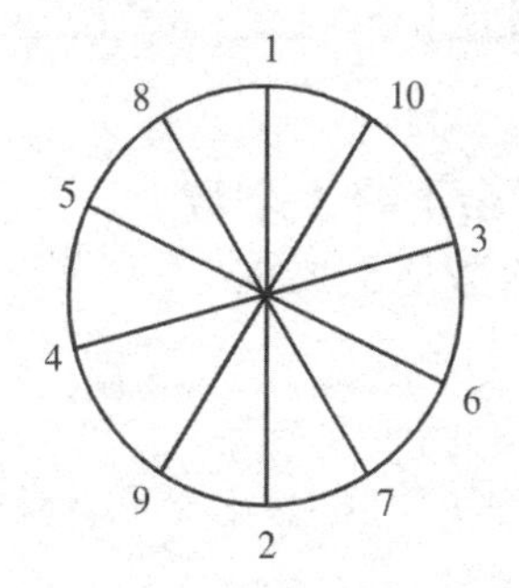

233. 数字阵

6。

把整个图形分成相等的 4 个部分，每部分都包含一个 3×3 的圆形。当你以顺时针方向移动时，相同位置的数字每次都会加上 1。

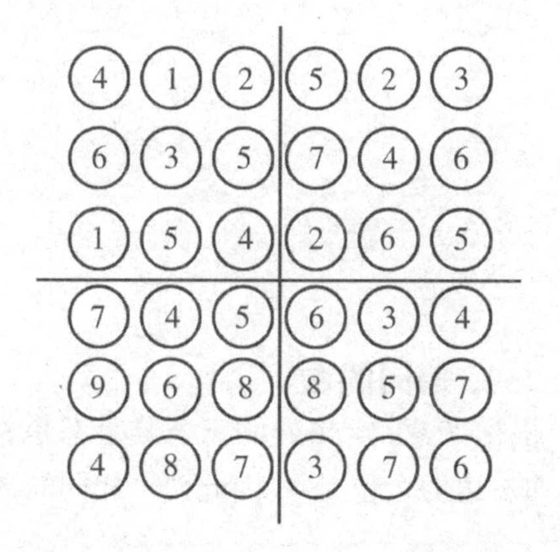

234. 1 和 3

111−11=100

33×3+3÷3=100

235. 6 个 8

88×8+8+88=800

236. 圆与三角形

3。

三角形里的数字等于它三个角上圆里数字之乘积，所以问号处应填 3。

237. 怪异的等式

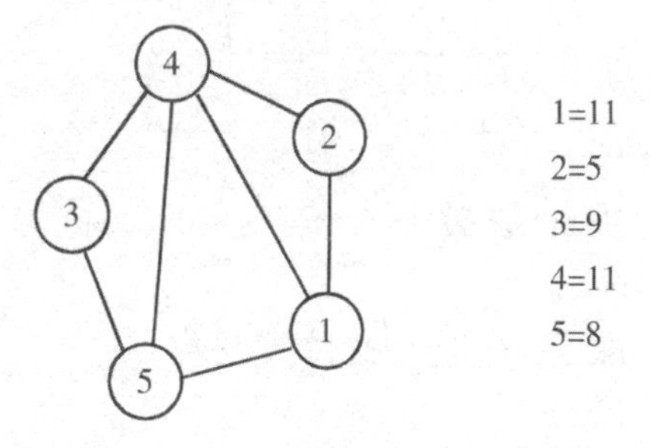

238. 数字表格

26。

每一行的第一个数乘以第二个数，再加上第三个数，等于第四个数。

239. 特殊的数

382。

除了 382 以外，其他数字都有对应的变位数字（变动数字的排列顺序而组成另一个数字），如：329—932，894—489，784—478，526—652，397—793。

240. 重叠图形

25、28、27、24、26。

241. 最大整数答案

27。

$(4\div2+5-4)\times9=27$

242. 数字游戏

“数”是 69,“字”是 91,“游”是 86,“戏”是 18。

243. 8 个方格

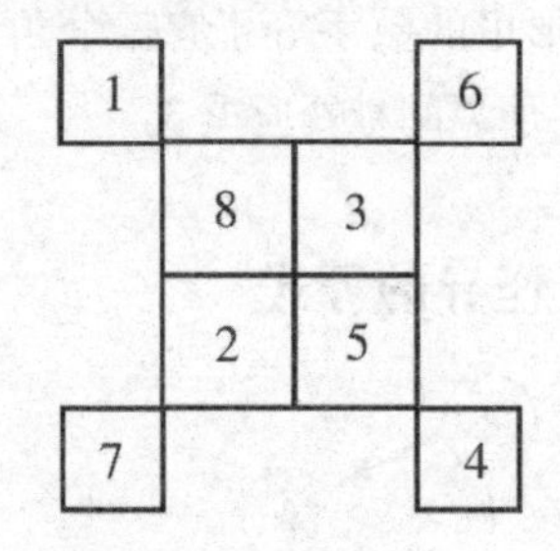

244. 缺数

6。

最后一行是上两行的平均数。

245. 两组数

7。

在每一行中,先把右边的数字乘以 2,所得结果加上左边的数字,就得到中间的数字。

246. 排列数字

1、1、2、3、5、8、13、21。

仔细观察就会发现,前两个数之和等于后一个数。

247. 圆圈中的数字

34。

用图中正方形斜对角数字组成的数相减所得出的数就是圆圈内的数。

248. 不同填法

两种填法如下图:

8	−	7	=	1
÷				+
4				5
=				=
2	×	3	=	6

6	−	5	=	1
÷				+
3				7
=				=
2	×	4	=	8

249. 填数成不等式

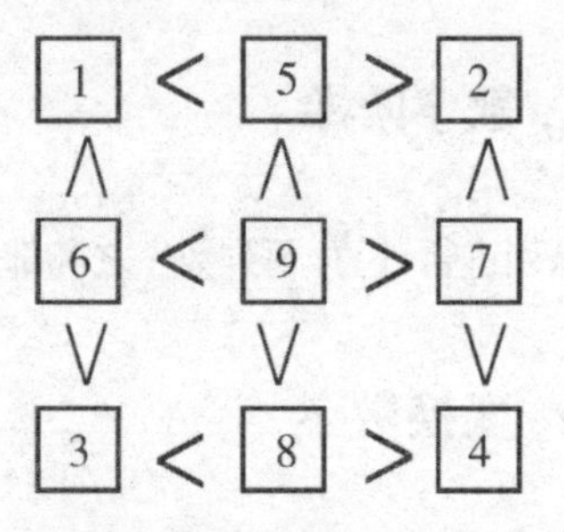

250. 余下的 3 个数

这 3 个数是 5、7、9。

⑤+⑦+⑨+1+8=30

⑤×⑦×⑨×1×8=2520

251. 四个数字

删掉 4 个数后,图形如下:

×	28	21	21
42	×	14	14
21	14	×	35
7	28	35	×

252. 相同的数

根据题意,空格处的三个数字都是相同的,而右边的个位是 9,因此两个相同的数字相乘的结果个位是 9 的只能是 3 或 7。经过检验，只有 7 符合要求。

9⑦×⑦＝6⑦9

253. 找数

3581，7162。

254. 填字母

MH。

由 AZ 开始，沿顺时针方向，跳至与其相隔的栏内。每一个字母由 A 开始，每次跳至与之相隔为 1 的字母；第二个字母由 Z 开始，每次跳至按字母表倒序排列的与之相隔为 2 的字母。

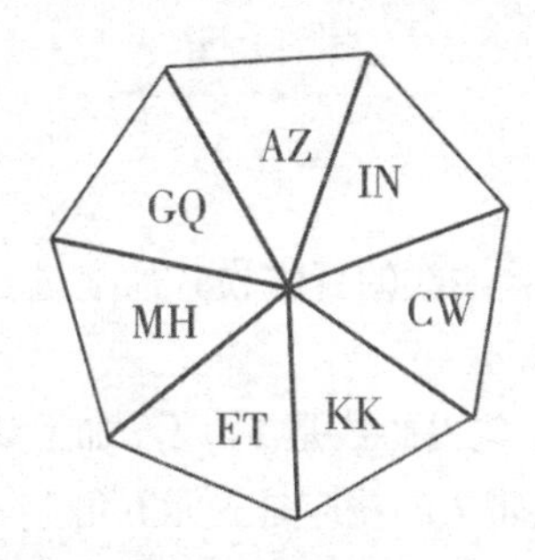

255. 台球比赛

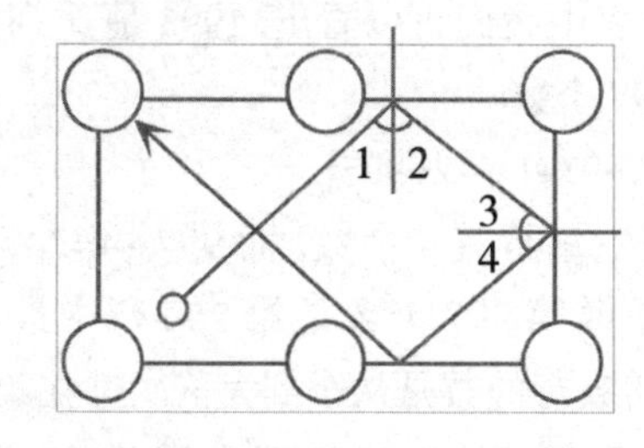

256. 调换位置

按下列顺序，把棋子移到相邻的空格中，就可以得到结果：兵、卒、炮、兵、车、马、兵、炮、卒、车、炮、兵、马、炮、车、卒、兵。总共要推动 17 次。

257. 三角形里的字母

按照 26 个字母的排列顺序，第一个三角形中的三个字母间隔为 1，第二个三角形中的三个字母间隔为 2，第三个三角形中的三个字母间隔为 3。

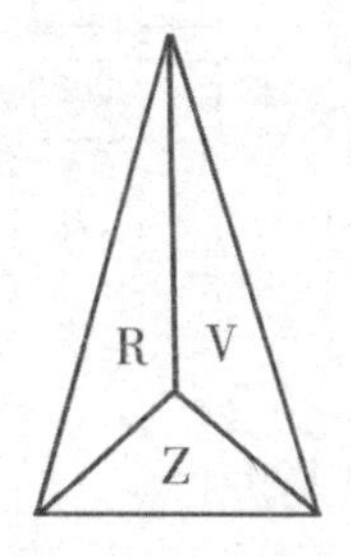

258. 巧摆棋子

●	●			●	
●				●	●
	●	●	●		
		●	●		●
●			●		●
	●	●		●	

259. 放棋子

黑子确定一个位置，白子就有 6 种不同的放法。而黑子不同的位置总共有 12 种，所以不同的方法一共有：12×6 ＝ 72（种）。

260. 折叠正方形

我们可以想象一下折叠成的正方体，如果 k 处于上面的话，3 正好与 k 相对，处在下底面。那么 k ＝ 7–3 ＝ 4。

261. 相乘的积最小

要使乘积最小，就要使三个三位数的百位数字最小，十位数字较小，依次为个位数字。三个三位数的百位数字应为：1、2、3。十位数字依次应为：4、5、6。个位数字依次为：7、8、9。经过验证，这三个三位数百位数字、十位数字、个位数字应这样搭配 147×258×369，它们的积最小，为 13994694。

262. 读诗解数

李白的诗破解如下：

$$\boxed{7}\ \boxed{1} = \boxed{6}\ \boxed{8} + \boxed{3}$$
$$\boxed{9}\ \boxed{0} = \boxed{4}\ \boxed{5} \times \boxed{2}$$
$$\boxed{3}\ \boxed{4} \times \boxed{2} = \boxed{6}\ \boxed{8}$$
$$\boxed{1}\ \boxed{4} \times \boxed{5} = \boxed{7}\ \boxed{0}$$

263. 被 3 除尽

无论你找出哪组数字，它们的总和都是 3 的倍数，这样，它们组合的数字也都能被 3 除尽。

264. 巡视房间

管理员巡视路线如下：

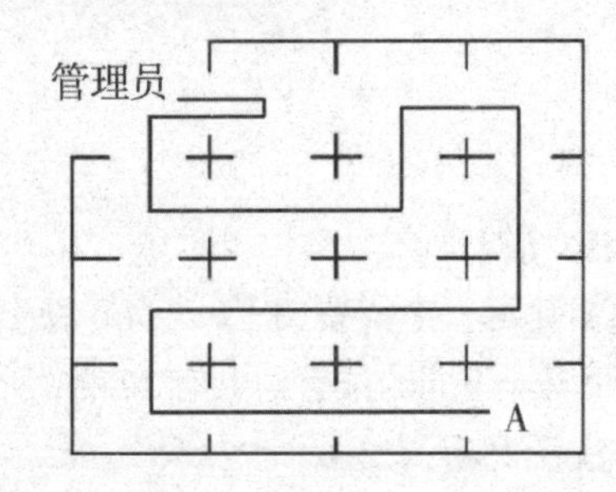

265. 镜子里的数

18 和 81，29 和 92。

266. 新学期的礼物

根据题目已知条件，可列出式子：

$$\begin{array}{r} B\ B\ C \\ C\ A \\ +\qquad A \\ \hline A\ B\ C \end{array}$$

通过上式可以得出：$A \neq 0$，$B \neq 0$。加数的个位数 C 与两个 A 相加还得 C，说明 A 可能是 0 或 5，已知 $A \neq 0$，所以一定是 5。还原算式：

$$\begin{array}{r} B\ B\ C \\ C\ 5 \\ +\qquad {}_{1}5 \\ \hline 5\ B\ C \end{array}$$

两个十位数相加，再加上进位 1，等于 B，说明 C+1=10，C=9。

还原算式：

$$\begin{array}{r} B\ B\ 9 \\ 9\ 5 \\ +\quad {}_{1}\ \ {}_{1}5 \\ \hline 5\ B\ 9 \end{array}$$

我们看加数的百位数 B 加上进位 1 等于 5，得出：B=4。

因此，花去的钱是 549 分，加上袋中剩下的 1 分，共带去的钱应是五元五角。

267. 找位置

从表中我们可以看出，1993 是这列数中的第 997 个数。

[（1993+1）÷2=997]

表中每行有 4 个数，而 997÷4=249……1。就是说第 997 个数是第 250 行中最小的一个。偶数行的数是从小到大依次排在第 4、3、2、1 列的，因此 1993 这个数排在第 250 行第 4 列。

268. 还原数字

根据题目已知条件可以写出竖式：

$$\begin{array}{r} a\ b\ c\ d \\ \times \quad\quad 9 \\ \hline d\ c\ b\ a \end{array}$$

这里，乘积是四位数，可见 a×9 不进位，故 a=1，乘积中的 d=9，因此上式可变为：

$$\begin{array}{r} 1\ b\ c\ 9 \\ \times \quad\quad 9 \\ \hline 9\ c\ b\ 1 \end{array}$$

由于 b×9 不进位，可见 b=0 或 1。若 b=1，则乘积中 c=9，而且 c×9 不进位——这是不可能的，因此只有 b=0。此时 c×9+8 的个位数字 b=0，可见 c=8。于是：abcd=1089。验证：1089×9=9801。

269. 不同的填法

当空格中取 1、2、3、4 时，有 2 种填法，即

1	2	6
3	4	7

1	3	6
2	4	7

当空格中取 1、2、3、5 时，有 2 种填法，即

1	2	6
3	5	7

1	3	6
2	5	7

当空格中取 1、2、4、5 时，有 2 种填法，即

1	2	6
4	5	7

1	4	6
2	5	7

当空格中取 1、3、4、5 时，有 2 种填法，即

1	3	6
4	5	7

1	4	6
3	5	7

当空格中取 2、3、4、5 时，有 2 种填法，即

2	3	6
4	5	7

2	4	6
3	5	7

由此得出，共有 2+2+2+2+2=10 种不同填法。

270. 三数之和相等

由题目已知条件得：19+10+D=D+18+E，E=11。

19+A+14=A+B+18，B=15；

19+15+11=14+15+D，D=16。

三数之和是 19+10+16=45。

A=45−19−14=12；

C=45−14−11=20。

所以 A、B、C、D、E 分别是 12、15、20、16、11。

271. 填数入圈

在计算各个面上 4 个数的和时，顶点上的数总是分属 3 个不同的面，这样，每个顶点上的数都被重复计算了 3 次，因此，各个面上 4 个数的和为 1 ~ 8 这 8 个数的和的 3 倍，即 (1+2+3+⋯+8)×3=108。又因为正方体有 6 个面，也就是每个面上的四个数的和应是 108÷6=18，故 18 应是我们填数的标准。

如果在前面上填入 1、7、2、8（如图所示），那么右侧面上已有 2、8，其余两顶点只能填 3、5。以此类推，就可以将问题解决。

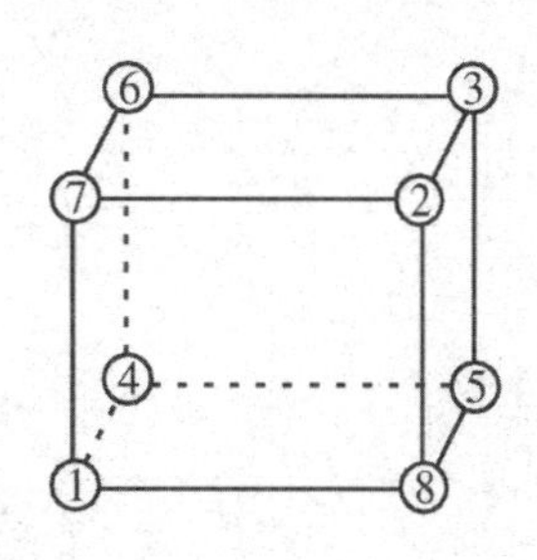

272. 填数入格

这是不可能的。

因为每行、每列和两条对角线都是由 6 个方格组成的，那么数字之和最小是 1×6=6，数字之和最大是 3×6=18。要想使各行、各列及

对角线上的数字之和各不相同，只能出现6、7、8、9……17、18这13种数字和，但实际却需要6（行）+6（列）+2（对角线）=14种不同的数字和。

由此我们可以得知，要达到每行、每列及两条对角线上的数字和各不相同是不可能的。

273. 游艺晚会

根据题目已知条件，“每条直线上的三个数之和等于81”，则九个连续自然数之和必定等于81的三倍。

设这九个连续自然数中的第一个数为x，则第二个数是x+1，第三个数是x+2，第四个数是x+3，第五个数是x+4，第六个数是x+5，第七个数是x+6，第八个数是x+7，第九个数是x+8。列方程得：

$$[x+(x+1)+(x+2)+(x+3)+(x+4)+(x+5)+(x+6)+(x+7)+(x+8)]\div 3=81$$

$$x=23$$

即这九个连续的自然数分别是：23、24、25、26、27、28、29、30、31。

把这9个数按要求填入格内即可。

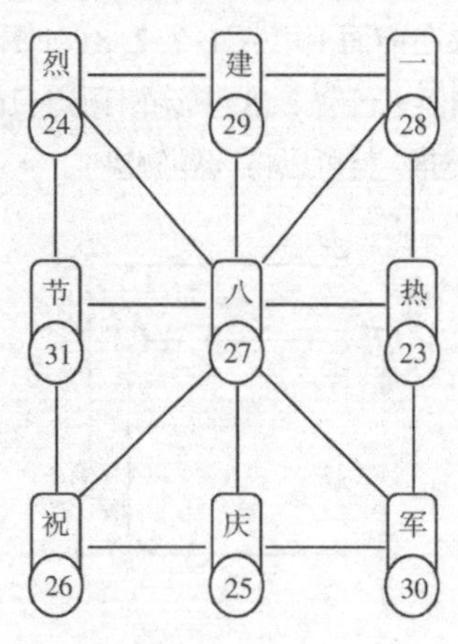

274. 算车牌号

假设原来车牌上的数字为ABCDE，倒看数是PQRST。可列式，需要注意的是倒个以后数字的顺序，A倒着看为T，B则为S，依次类推。

另外我们必须清楚的是，在阿拉伯数字中，只有5个数倒看可以成为数字：0、1、6、8、9。其他的不可以，因此以上假设的字母只能在这五个数字的范围内。

先看E，E+3=T，在同范围内，E、T两数有可能为（0, 3）（1, 4）（6, 9）（8, 1）（9, 2）几组数中的（6, 9）（8, 1）两组。显然T为9的话，A+7>10不合题意，所以推出E=8，T=1，A=1。

同样我们可以用这个办法推出D=6，S=0，最后推出每个字母，得出这个车牌是10968。

$$\begin{array}{r} A\ B\ C\ D\ E \\ +\ 7\ 8\ 6\ 3\ 3 \\ \hline P\ Q\ R\ S\ T \end{array}$$

$$\begin{array}{r} 1\ 0\ 9\ 6\ 8 \\ +\ 7\ 8\ 6\ 3\ 3 \\ \hline 8\ 9\ 6\ 0\ 1 \end{array}$$

275. 填数游戏

由于图中共有六条线段（每条线段都要填两个数），而四个三角形各有三条边，4×3=12，可知在计算三角形三边数字之和时，每条线段都加过两次，也就是说每个数都加过两次。而1+2+3+4+5+6+7+8+9+10+11+12=78，故四个三角形的全部数字之和加起来为2×78=156。从而可确定每个三角形的三边六个数字之和为156÷4=39，每条边上两个数字之和为13。

由（1+12）=（2+11）=（3+10）=（4+9）=（5+8）=（6+7）=13，就可以把数字填入十二个圆圈中。

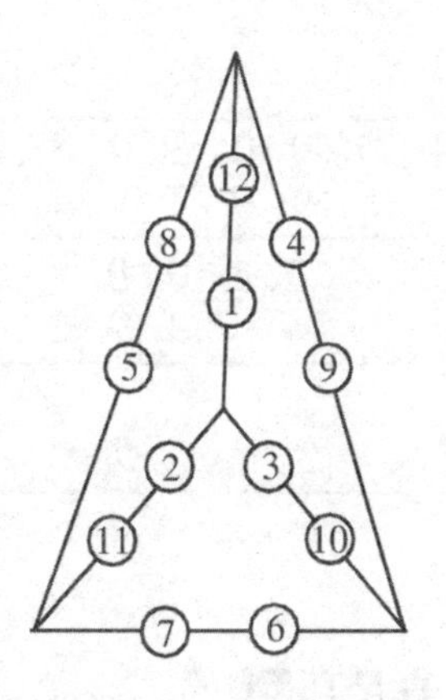

276. 古旧的纸片

根据题目条件，在每一个"●"号的地方只能填2、3、5或7。由于式中第三、四行都是四位数，因此首先要求一个三位数和一个一位数，使其乘积是一个四位数，并且在被乘数、乘数及乘积中只能出现上面的四个数字。经过推算，只有以下四种可能：775×3=2325，555×5=2775，755×5=3775，325×7=2275。

在上面这四种情形中，被乘数都不相同，因此，要满足题中的条件，乘数只能是两个数码相同的二位数，即只能是以下四种情况：775×33，555×55，755×55，325×77。

在这四种情形中，能使所得的数的数字都是质数的只有第一种情况，因此古旧纸片上的算式只能是：

$$\begin{array}{r} 775 \\ \times \quad 33 \\ \hline 2325 \\ 2325 \\ \hline 25575 \end{array}$$

277. 破译情报

我们仔细观察题目的话，就不难发现Q+Q=Q，故Q=0

同样，只能是W+F=10，T+E+1=10，E+F+1=10+w。

所以有三个式子：

（1）W+F=10

（2）T+E=9

（3）E+F=9+W

可以推出2W=E+1，所以E是单数。

另外E+F>9，E>F，所以推算出E=9不符，故E=7是正确的。

所以T=2，F=6，W=4，东路兵力是7240，西路兵力是6760，总兵力是14000。

$$\begin{array}{r} 7240 \\ +\ 6760 \\ \hline 14000 \end{array}$$

278. 算式复原

这个算式中只有8是已知数，所以我们就从8开始。从算式中看出，8乘以一个三位数的除数，积还是三位数，由此可得，除数不可能是125以上的数，最大只能是124或以下的数。因此除数"×××"≤124。

我们知道，除法的竖式运算，每一位商数求出来时，都要有一次乘法和减法的运算，被除数不够除时，商的位置就添一个0。从算式中可以看出，商是五位数，而只有三次乘法和减法的运算，必定有两个位置上是0。通过仔细观察，我们不难发现：8的两边的"×"各是一个"0"。

我们再看商的个位数"×"乘以除数124等于四位数，由此可知：个位数"×"肯定要比8大，因为8×124=992，因此便是9，9×124=1116。现在我们可以用这些数字把算式变成：

```
       ×0809
124)××××××16
     ×××
    ────────
      ××××
       992
    ────────
        1116
        1116
    ────────
           0
```

根据上面这个算式，求其他未知数。已知一个数减去 992 等于 11，这个数便是 992+11=1003，把 1003 还原于算式（如图）：

```
       ×0809
124)×××0316
     ×××
    ────────
     1003
      992
    ────────
       1116
       1116
    ────────
          0
```

现在我们看商的万位数“×”乘以除数 124 等于三位数，得知万位数“×”必须是 8 以下的数字，即“×”≤8；而算式中的四个未知数“××××”必定是 1000 以上的数，即“××××”≥1000。在这个大于或等于 1000 的数里，至少有 8 个 124。根据“×”≤8 和“××××”≥1000 的要求，这个万位数只能是 8，8×124=992。已知一个数减去 992 等于 10，这个数便是 992+10=1002。

因此，还原于算式后是：

```
        80809
124)100020316
     992
    ──────────
      1003
       992
    ──────────
        1116
        1116
    ──────────
           0
```

279. 真是巧啊

根据算式分析，两个百位数“巧”“真”相加等于“真是”，可见有一进位，那么“真”一定是 1，“是”可能是 0，“巧”只能是 8 或 9。如果是 8，那么“啊”就应是 6，因为“巧 + 巧”=“啊”。还原算式：

```
   巧啊巧        868
+  真是巧      + 108
────────      ─────
 真是巧啊       1086
```

由上式看出，“巧”是 8 不成立，所以只能是 9。如果是 9，“啊”就应是 8。因为“巧 + 巧”等于“啊”。还原算式：

```
   巧啊巧        989
+  真是巧      + 109
────────      ─────
 真是巧啊       1098
```

由此得出：“巧啊巧 + 真是巧”

=989+109=1098

280. 我们热爱科学

求出“学”是解答这道题的关键。在 0 到 9 十个数字中，0×0=0，1×1=1，5×5=25，6×6=36，都跟“学 × 学 = 好”不符，因为“学”

与“好”应该代表不同的数字才对。所以要试的只剩下2、3、4、7、8、9六个数字。

如果“学”是2，“学×学”=2×2=4，“好”等于4。除了2×2=4，还有7×2=14，那么“科”只能是7，“科×学”还必须进位“1”，“爱×2”的个位数必须是3。这是不可能的。因而“学”不可能是“2”。

如果“学”是3，“学×学”=3×3=9，“好”等于9。但是除3×3外，没有哪个数字与3的乘积的个位数是9。因而“学”不可能是“3”。

如果“学”是4，“学×学”=4×4=16，“好”等于6，同时必须进位“1”。那么“科×4”的个位数必须是5，这也是不可能的。因而“学”不可能是“4”。

如果“学”是7，“学×学”=7×7=49，“好”等于9，同时必须进位“4”。“好”是9，进位“4”，那么“科×学”的个位数应该是5。而5×7=35，只要“科”是5，等式就是成立的，同时必须进位“3”。这样一步步地往上推，用算式来表示，就是：

```
  我们热爱科7        我们热爱5 7
×          4 7     ×         3 7
-------------      -------------
   999999             999999

  我们热8 5 7        我们2 8 5 7
×       5   7     ×     1     7
-------------      -------------
   999999             999999

  我4 2 8 5 7        1 4 2 8 5 7
× 2         7     ×           7
-------------      -------------
   999999             999999
```

由此证明，“学”是7，“我们热爱科学”应该是142857。

我们再来检测一下“学”能不能是8或9。如果“学”是8，“学×学”=8×8=64，“好”等于4。但“我”即使是1，“我”与8的乘积也大于4，这是不可能的。用同样的方法也可以检测出“学”不可能是9。所以142857×7=999999，是这道题的唯一答案。

第四部分 趣味几何

281. 改变面积

不用圆规和直尺，请你用最简单的方法，将下图中的正方形变成是原来面积一半的正方形。

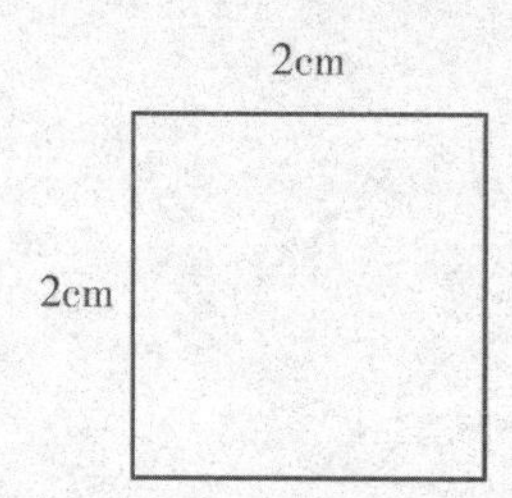

282. 小朋友做游戏

5个小朋友在学校的操场上做游戏，其中一个小朋友闭着眼睛，另外4个小朋友分别是甲、乙、丙、丁。只听到甲说：乙在我的正前方。乙说：丙在我的正前方。丙说：丁在我的正前方。丁说：甲在我的正前方。请问有这种可能吗？如果有可能，那他们的位置关系是怎样的？

283. 连接五角星

下面有4颗摆放很不规则的五角星，你能用一个正方形将它们连在一起吗？

284. 巧移橡皮

有12个橡皮，排成下列图形。每个橡皮都是一个正方形的一个端点。这样的正方形共有6个。如何移走3个橡皮，使得只剩下3个正方形？

285. 小欧拉智改羊圈

著名的数学家欧拉在数学的许多领域中都取得了很大的成就。

不过，这个伟大的数学家在小时候却一点也不讨老师的喜欢，他曾被学校开除回家。

他回家后就成了一个牧童，负责帮爸爸放羊。爸爸的羊群慢慢增多了，原来的羊圈就显得有些小了，爸爸打算再修建一个新的羊圈。他用尺量出了一块长40米、宽15米的长方形土地，他一算，面积刚好是600平方米。一切工作准备就绪的时候，他发现这些材料根本就不够用，只能够围100米的篱笆。如果把羊圈围成长40米、宽15米，其周长将是110米。父亲感到左右为难，如果按照原计划修建，就要再添10米长的材料；要是缩小面积，每头羊的平均居住面积就会减少。

小欧拉对父亲说，不用缩小羊圈，也不用担心每头羊占用的面积会变小，他有办法解决

这个问题。起初，父亲认为小欧拉是在吹牛，但经不住小欧拉的再三要求，终于同意让他去试试。

小欧拉很快就将他的设计方案写了出来。父亲照着小欧拉设计的羊圈扎上了篱笆，长100米的篱笆，不多不少，正好用完，面积也足够了，而且比预想的要稍微大一些。

亲爱的读者：你知道小欧拉是怎么做的吗？

286. 苏丹王的矩形

大约在公元800年前后，苏丹国年轻的国王哈里发做了一个非常奇怪的梦。在梦中，他看到了自己的祖父，祖父严肃地对他说："你父亲是个昏庸的国君，由于他的无能，把国家弄得乌烟瘴气，真主将要降灾难给这个国家。只有一个办法能使国家免除灾难，那就是用金子做成一个矩形，这个矩形的周长数等于它的面积数，而长、宽都是3米的整数倍，用这样的矩形供祭真主，才能替你父亲赎罪，免除灾祸。"

哈里发召集大臣，把自己做的梦讲给大家听。大臣们一开始以为是年轻的国王贪心，想要金子，就随便打了几块金子给国王，请国王祈求真主保佑。

国王一看，非常恼怒："真主降灾，整个国家将要面临大的灾难，你们却不能挽救国家，还在这敷衍我，你们的胆子也太大了！如果三天之内献不出供祭真主的祭品，一律问罪！"

一眨眼的工夫，三天就过去了，大臣们只拿了很多的金银财宝向国王乞求饶命，却没有人拿出国王想要的祭品。国王说："你们平时只会享受，一到关键的时候就什么作用也不起！难道我们的国家真的要灭亡吗？谁能拯救我们的国家？"

这时，王宫里走进了一个人，他对国王说："陛下，真主要的礼品在这里。"国王一看，原来是著名的数学家花拉莫子——他可敬的老师。他献上了这样的一个矩形。

亲爱的读者，你知道这个矩形的长、宽各是多少吗？

287. 一朵莲花

古代印度数学家巴拉斯的习题集《体系的花冠》中，有这样一个问题：

一朵莲花，它的尖端在池塘水面以上四尺。它被风吹倒了，在距离原站立的地方十六尺处从水面消失。问：池塘有多深？

288. 两个"空隙"

人们知道，地球半径约有六千三百七十公里，而乒乓球的半径不过一两厘米。论体积，两者相差太大了。现在设想用铁丝沿着赤道把地球捆起来，然后将铁丝剪断并增加一米长。铁丝加长后绕成的圆与地球赤道之间就要出现空隙。这个空隙有多大？

如果铁丝捆的不是地球，而是一个乒乓球，也同样剪断并加长一米，那么铁丝加长后绕成的圆与乒乓球之间也会出现空隙。

请问：这两个空隙哪个大？

289. 拼成正方形

你能将下面图形剪两刀后拼成一个正方形吗？

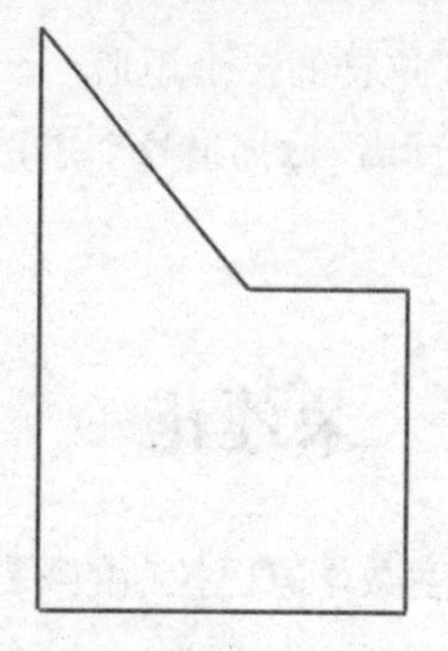

290. 拼图形

下面的图形剪两刀后能拼成一个正方形，应当如何剪拼？

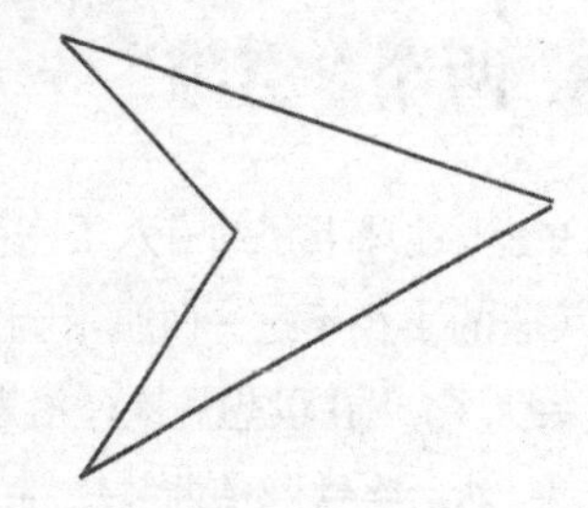

291. 化桥为方

下图好比一座桥的图形，你能只切两刀将它拼成一个正方形吗？

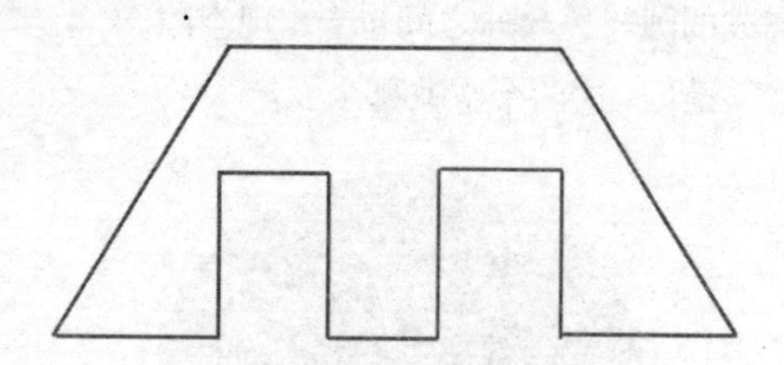

292. 分成全等的图形

将下图分成全等的两块，应当怎样分？

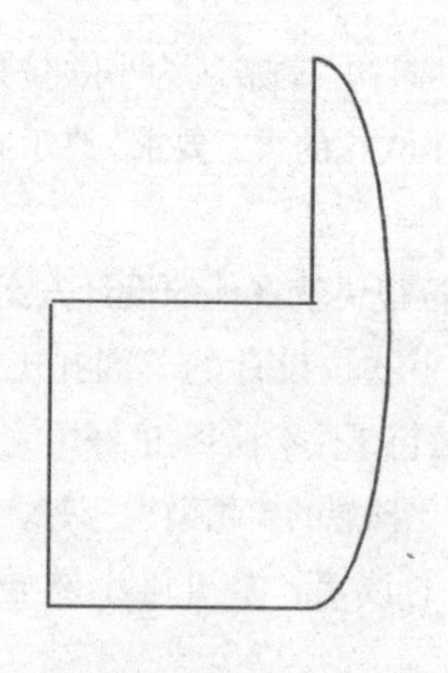

293. 六个小圆

杰克是个聪明好学的孩子。一天晚上，爸爸在纸上画了六个小圆，对杰克说道："你看，现在要把三个小圆连成一条直线，只能连出两条直线。我要你擦掉一个小圆，把它画在别处，以便连出四条直线，每条直线上都有三个小圆。"杰克想了想，很快按照要求画出了图形。

你知道杰克是怎么画的吗？

294. 切西瓜

小明家来了客人，妈妈让小明拿出西瓜招待客人。正当小明拿刀切西瓜的时候，客人叫住了他，并给他出了一个难题：用刀切西瓜，只能切三下，要切出七块西瓜八块皮来。小明想了想，很快就按照客人的要求切好了。你知道小明是怎么切的吗？

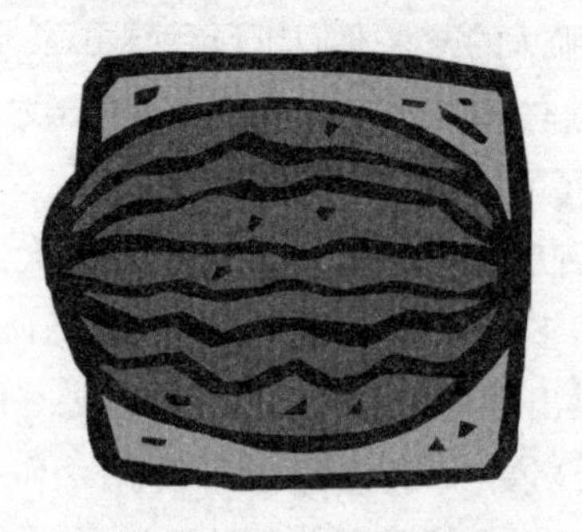

295. 阴影部分的面积

E、F分别是长方形宽和长的中点，不用计算，你能说出阴影部分的面积占长方形面积的几分之几吗？

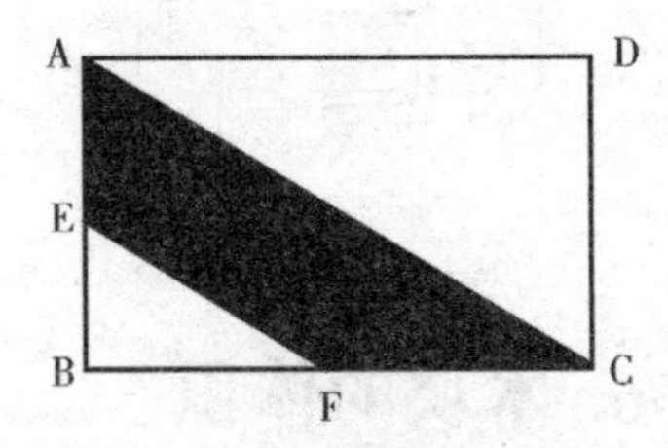

296. 书的内部对角线

一本书的尺寸如下图所示。请问：如果想知道书内部斜面的对角线 XY 的长度，应当怎样求呢？

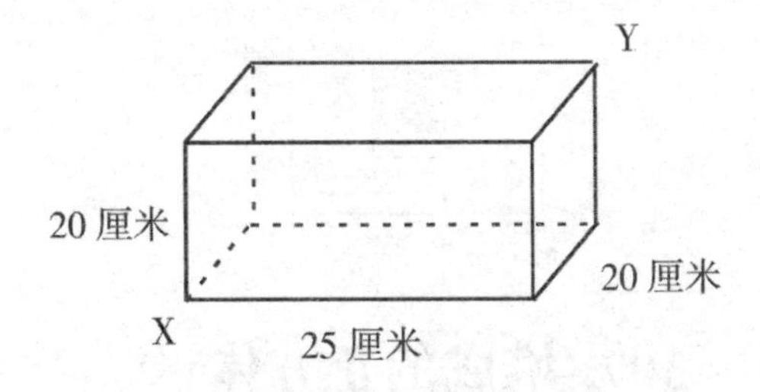

297. 小正方形的面积

如下图所示，在边长为 10 厘米的正方形内画其内切圆，然后在这个圆内画出其内接正方形。试求小正方形的面积。

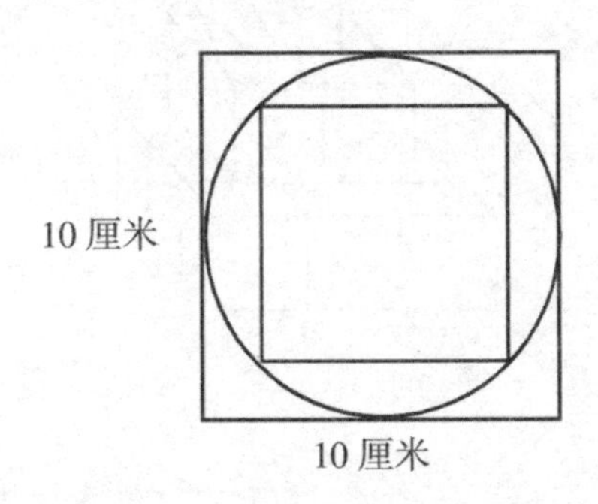

298. 挖去的面

下图是一个正方体木块，在它的每个面上挖出一个小的正方体木块。那么请问：表面小正方形的面会增加多少？

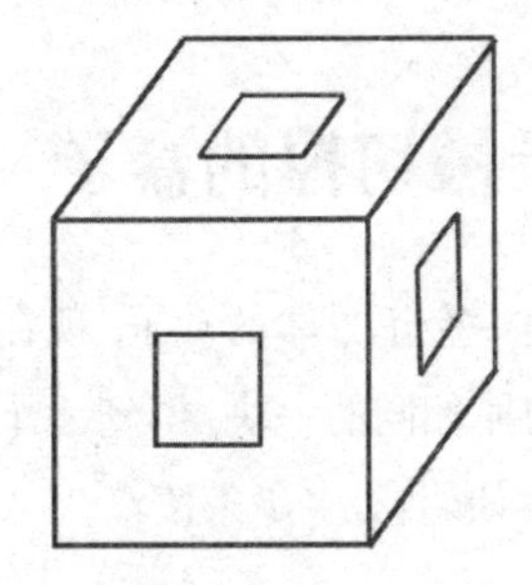

299. 涂颜色

下图是一个正方体木块，边长为 4 厘米。现在在它的表面涂上颜色，然后切成边长是 1 厘米的小立方体木块。那么请问没有涂颜色的有多少块？

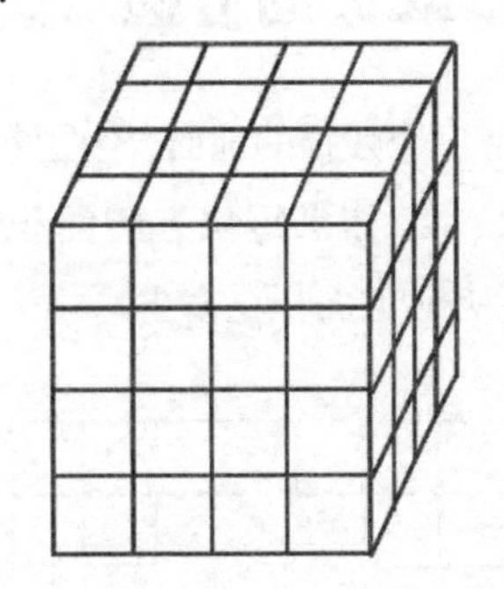

300. 圆的直径

在一张长 6 厘米、宽 5 厘米的长方形纸上，画一个最大的圆，它的直径应该是多少？

301. 判定三角形

有一个三角形，它的最小的一个角是 45°，你能够判断出它是什么三角形吗？

302. 棱长之和

一个长方体截成了两个完全相同的正方体，每个正方体的棱长之和是 24 厘米，长方体的棱长之和是多少厘米？

303. 被切掉的盒子

下图是一个正方体的盒子，现在将盒子每个顶点处切掉相同的一块，得到一个新的立体图形，这个图形共有多少条棱？

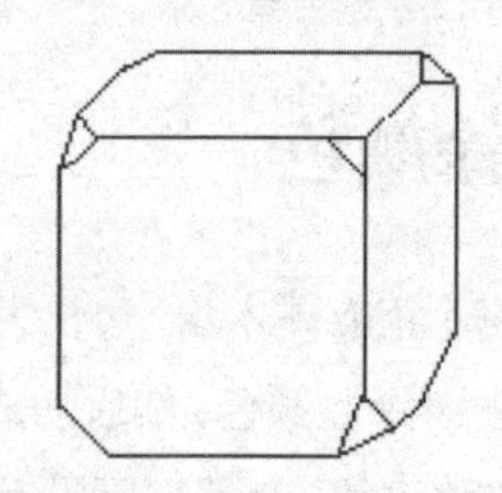

304. 缺失的方砖

下图是一个残损的地面，空白处表示的是所缺的方砖数。如果每块方砖面积是 4 平方分米，所缺方砖的面积是多少？

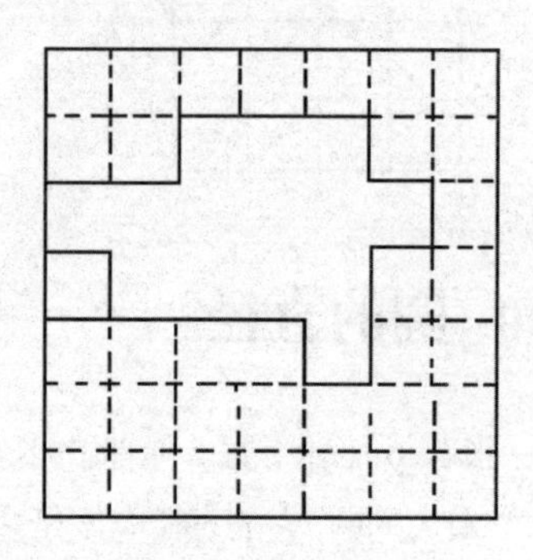

305. 模具的表面积

下图是一个正方体木块，棱长为 6 厘米，在它六个面的中心分别挖去一个棱长 2 厘米的正方体木块，做成一个模具。这个模具的表面积是多少？

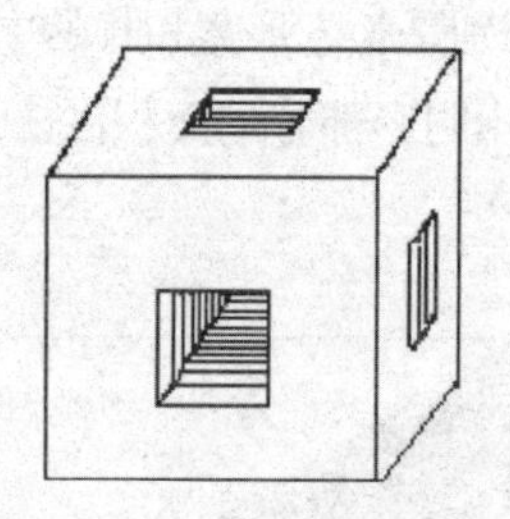

306. 木块的体积

下图是一个正方体木块，棱长为 4 厘米，在它的上面、前面、右面的中心向对面各打一个边长 2 厘米的方孔。求穿孔后木块的体积。

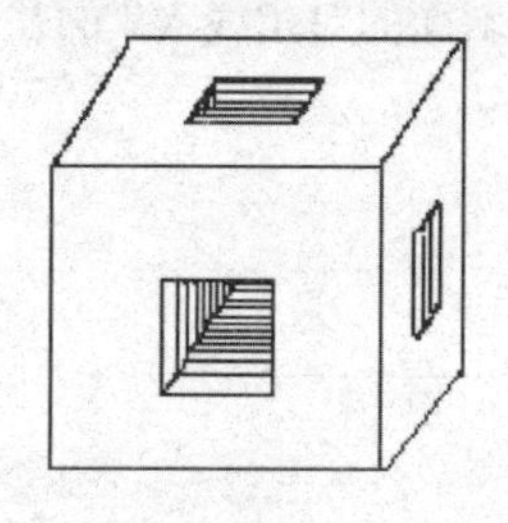

307. 堆成的正方体

下图是由 14 个小正方体组成的图形，小正方体的边长为 1 分米。求这个图形的表面积？

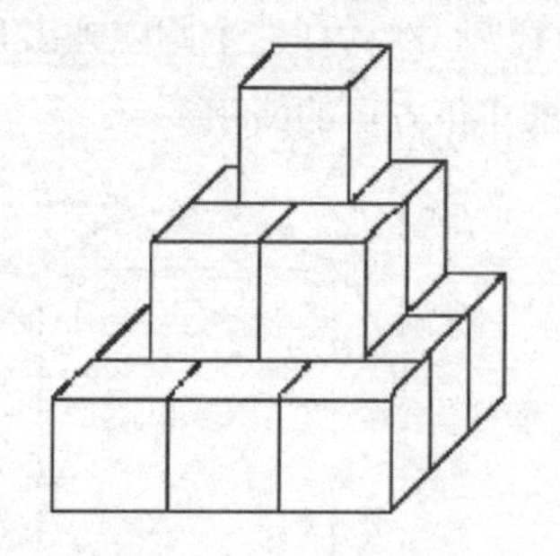

308. 正方体图形

下图是一个由19个小正方体组成的立体图形，边长是2厘米。那么这个立体图形的表面积是多少？

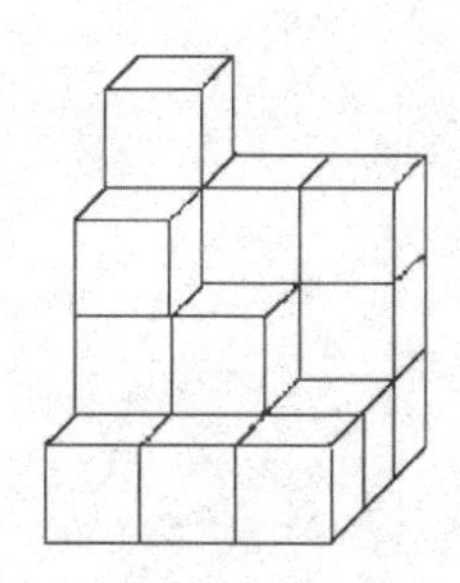

309. 横截圆柱体

有一个圆柱体，高1.5分米，现把它横截成两个小圆柱体，则表面积增加了1.6平方分米，那么原来圆柱体的体积是多少？

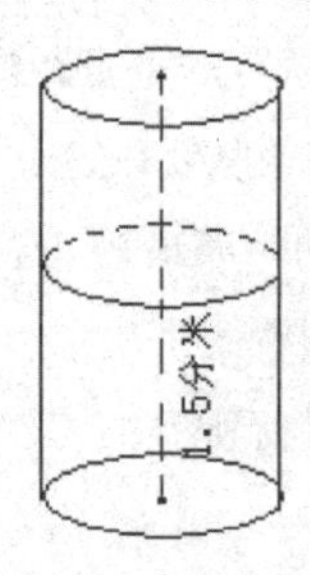

310. 无盖的铁盒

有一块长方形薄铁板，长20厘米，宽14厘米，在它的四个角上各剪去一个边长为5厘米的正方形。然后把它折成一个无盖的铁盒，那么请问这个铁盒的容积是多少毫升？

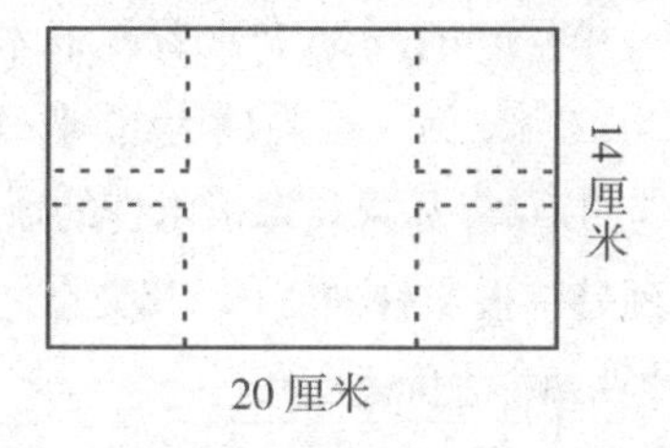

311. 爬行的蜗牛

有两只蜗牛以相同的速度同时从A点出发向B点爬行（如图所示），一只沿大圆弧爬，另一只沿三个小圆弧爬。请问哪一只蜗牛先爬到B点？

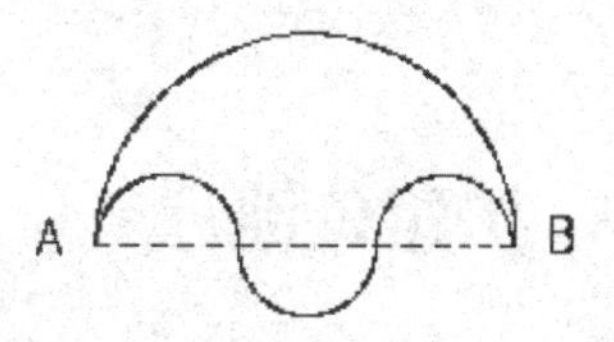

312. 不同的走法

周明住在A处，郑平住在F处（如下图所示）。现在周明要去郑平家，他行进中的每一个路口、每一条街道只许经过一次，那么周明从自己家到郑平家，总共有多少种不同的走法？

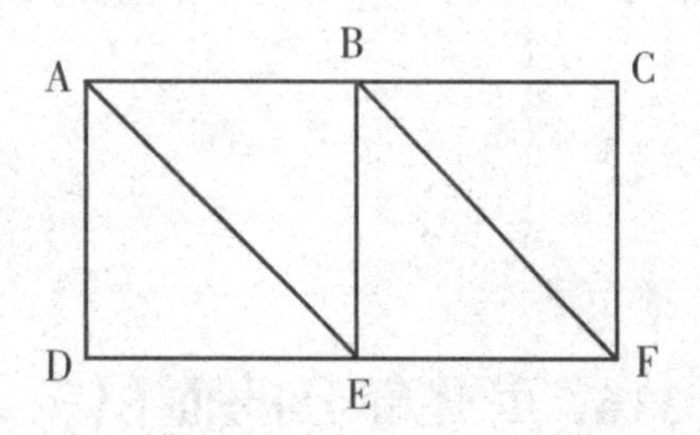

313. 折叠白纸

有一长方形白纸，现把它按下图方法折叠，求角x的度数。

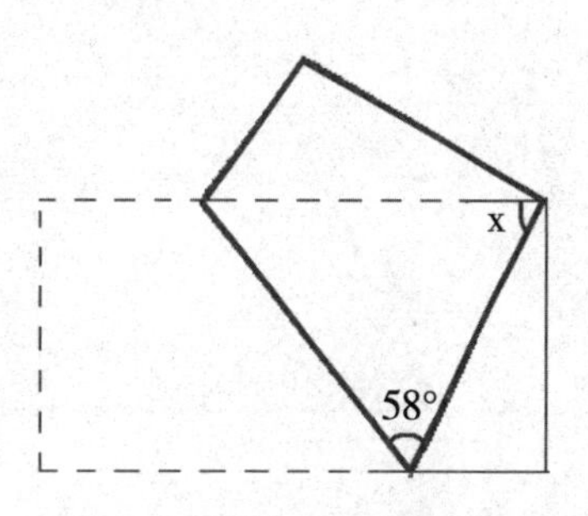

314. 三截木棍

一根木棍被人砍成了三段，现在不能用尺子去测量每一段的长度，也不能试着去组成一个三角形。你怎样很快就判断出三段木棍是否能组成三角形？

315. 扩建鱼池

下图是一个正方形鱼池。鱼池的四个角上，栽着四棵树。现在要扩建这个鱼池，使它的面积增加一倍，但要求仍然保持正方形，而又不能移动这四棵树的位置。请问：应该怎样扩建这个鱼池呢？

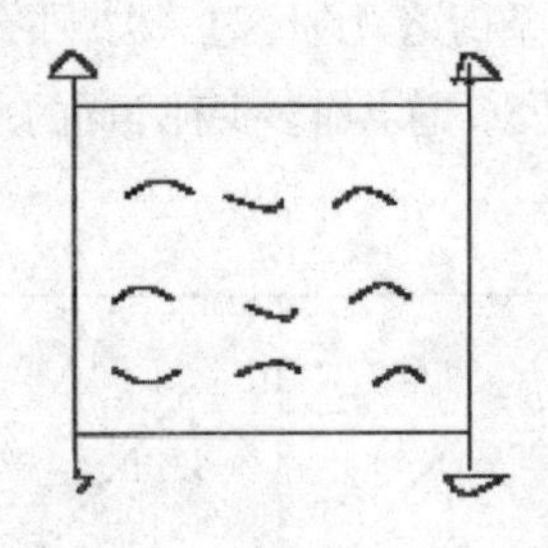

316. 重叠部分的面积

下图是两个重叠的正三角形，图中数字为长度之比。并且，两个正三角形的面积差为48平方厘米。你能求出重叠部分的面积吗？

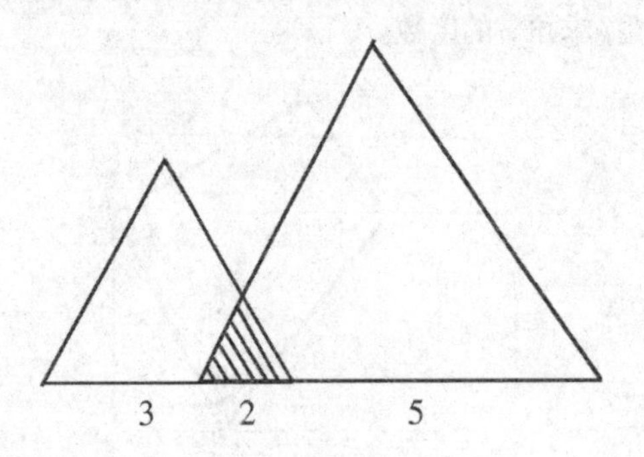

317. 蜗牛爬行

一只蜗牛从A点出发，绕圆锥一周后回到原出发点A。图中圆锥上部的虚线所表示的线路是不是最近的？

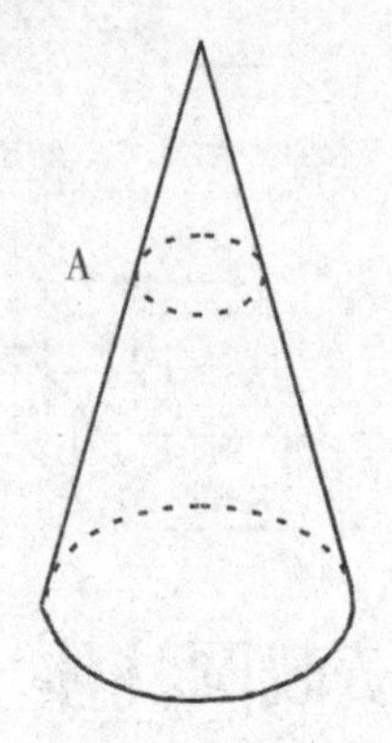

318. 怎样架桥

有一条大河，宽为100米，在河岸的两边有A、B两点，A、B两点的垂直距离为300米（如图所示）。现在某建筑队要在这条河上架一座桥，要求从A到B走的距离最短，这里河的宽度是一定的，也不允许斜着架桥。

怎样架桥最好呢？

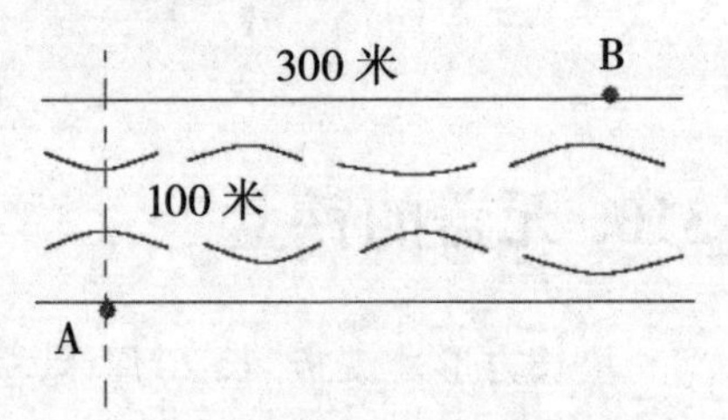

319. 两杆之间的距离

在一片空旷的场地上立着两根木杆，一根高度为15米，另一根高度为10米，两杆之间有一定的距离，如果从每根木杆的顶点拉一根绳子到另一根木杆的底部，其交点之高为6米，请计算两杆之间的距离。

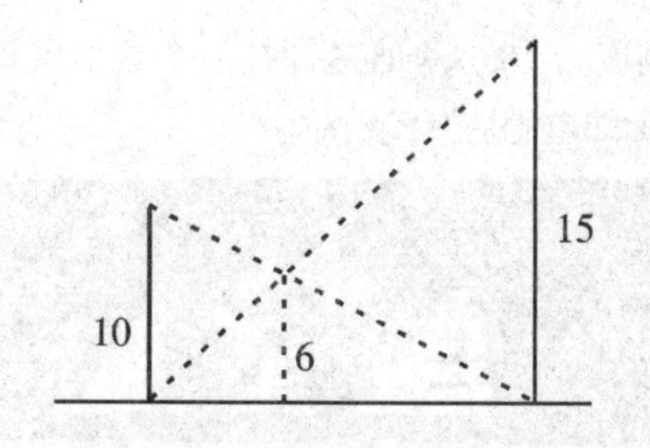

320. 巧切蛋糕

今天是小明十岁生日，爸爸妈妈买了个大蛋糕来庆祝他的生日。为了考考儿子，爸爸给小明出了个难题，要求他在切蛋糕时，只用3刀就把蛋糕切成形状相同、大小一样的8块，而且不许变换蛋糕的位置。小明思索了一下，很快就想出了办法。你知道小明是怎么切的吗？

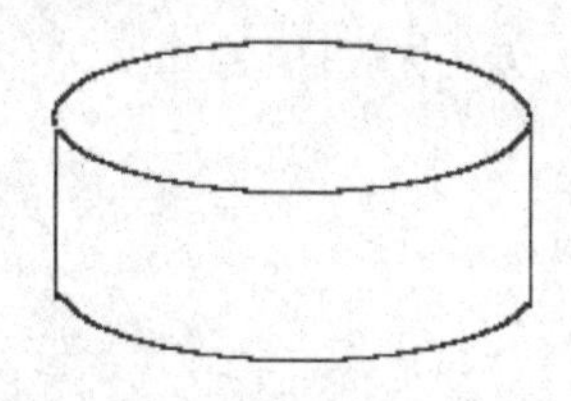

321. 切正四面体

下图是一个正四面体，现在要将它切一刀，使刀口（即截面）成为正方形。你知道怎么切吗？

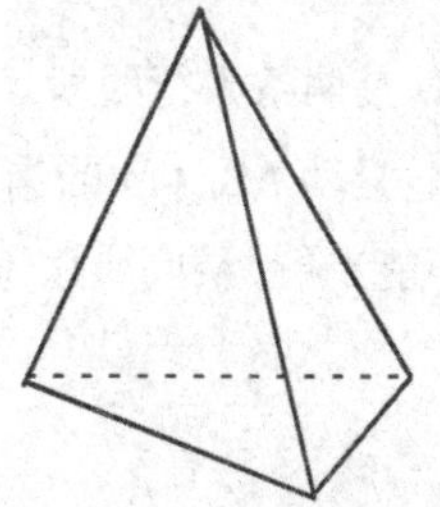

322. 剪正方形

如果剪掉正方形角上$\frac{1}{4}$的部分，你能在剩下的部分剪出四个大小形状完全相同的图形吗？

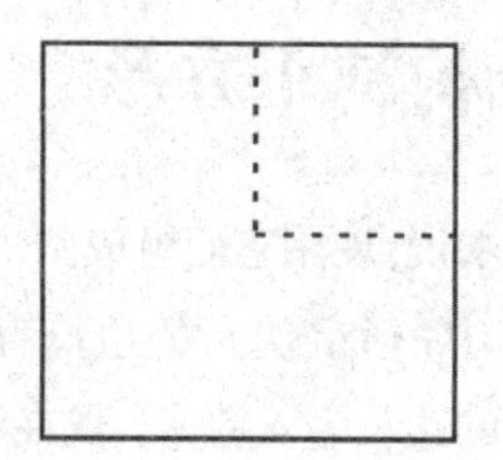

323. 摆三角形

有3根木棒，分别长12厘米、5厘米、3厘米，在不折断任何木棒的情况下，你能够用这3根木棒摆成一个三角形吗？

324. 巧增三角形

下图是三根交叉的线，你能不能在这个基础上，增加两条直线，使三角形由1个变成10个？

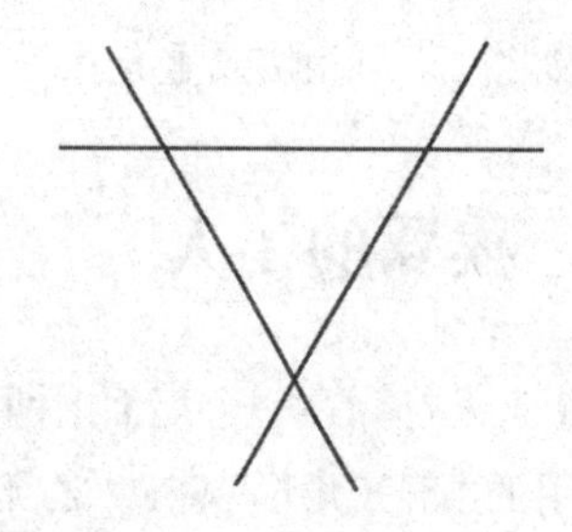

325. 两个三角形

图中的两个三角形都是正三角形。已知圆内的小三角形的面积为500平方厘米，那么，请你想一想：圆外的大三角形的面积是多少平方厘米。

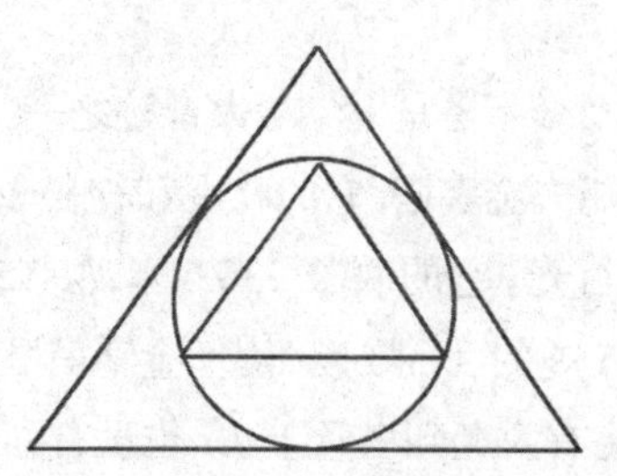

326. 构制正方形

有八根木棍，现用它们组成两个正方形（如图所示），其中一个正方形的边长为 8 厘米，另一个正方形的边长为 4 厘米。现在将这两个正方形拆散，重新用八根木棍构成三个面积相等的正方形。请问：应该怎样构制？

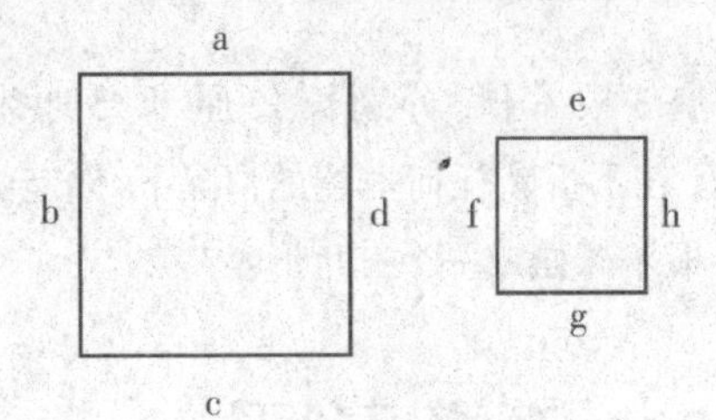

327. 纸上画圆

桌上有一张边长 10 厘米的正方形纸，如果在纸上画直径为 5 厘米的圆，共可画几个？假设圆与圆之间不可相切或重叠。

328. 挨骂的工人

有四个工人打算在一个墙面上铺满瓷砖。甲工人使用的“正三角形”瓷砖，乙工人使用的是“正方形”瓷砖，丙工人使用的是“正五角形”瓷砖，丁工人使用的是“正六角形”瓷砖，结果，其中一个工人被工头大骂了一顿。你知道挨骂的是哪个工人吗？

329. 测量金字塔

埃及金字塔是世界七大奇迹之一，其中最高的是胡夫金字塔，它的壮观和神秘吸引了许多人的目光。它的底长 230.6 米，由 230 万块重达 2.5 吨的巨石堆砌而成。金字塔塔身是斜的，即使有人爬到塔顶上去，也没有办法测量其高度。后来这个难题却被一个数学家解决了，你知道他是怎么做的吗？

330. 两条小路

从 A 点到 B 点中间隔着一个小花坛，花坛的两边有两条小路（如图所示）。小明和小刚同时从 A 点出发，小明走左侧小路，小刚走右侧小路，已知他们行走的速度相同，那么谁先到达 B 点？

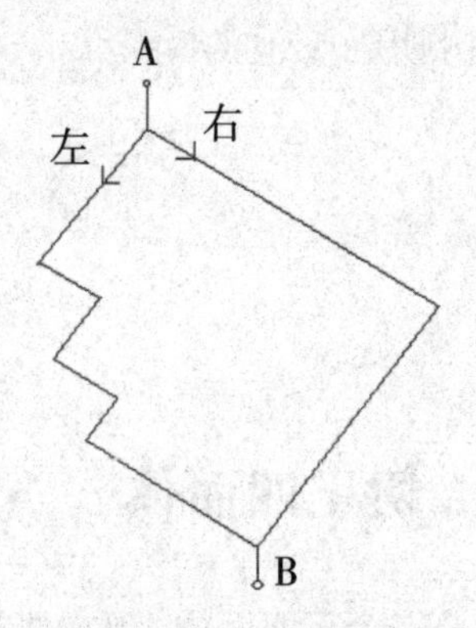

331. 平行变不平行

AB 和 CD 是两条平行线段。（如图所示）现在要求在不变动 AB、CD 的情况下，画上 3 条线让它们不能平行。请问应该怎样画？

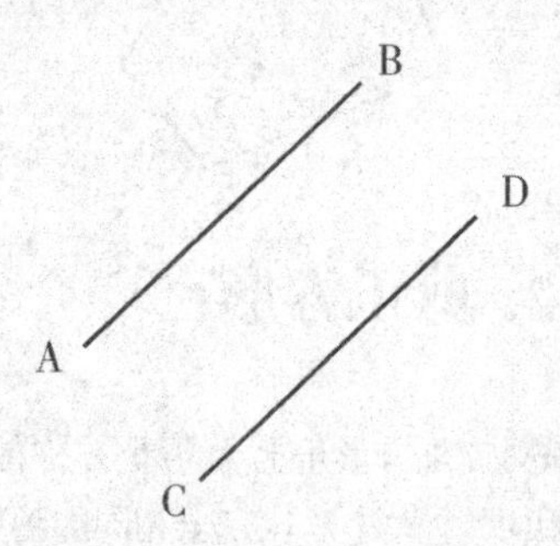

332. 摆椅子

一家宾馆准备招聘一名经理，招聘信息公布不久，便有 20 多人前来应聘。主考官把他们领到一个正方形的餐桌前，说道："我给你们出道题：请在这个正方形的餐桌周围摆上 10 把椅子，使桌子每一面的椅子数都相等。" 应聘者都开动脑筋想这个问题，工夫不大，就有一名应聘者站了出来，完成了这道题。你知道他是怎么摆的吗？

333. 连线

请用 6 条相连的直线把图中的 16 个点连接起来。

334. 两个圆环

有半径分别是 1 和 2 的两个圆环，小圆在大圆内部绕大圆圆周转一周，则小圆自身转了几周？如果小圆在大圆的外部，那么它自身又转了几周呢？

335. 狮子与小狗

饥饿的狮子紧紧追赶着一只小狗，就在狮子快要将小狗抓住的时候，小狗逃到了一个圆形的池塘旁边。小狗连忙纵身往水里一跳，狮子扑了个空。狮子舍不得这顿即将到口的美餐，于是盯住小狗，在池边跟着小狗跑动，打算在小狗爬上岸来时抓住它。已知狮子奔跑的速度是小狗游水速度的 2.5 倍，问：小狗有没有办法从狮口脱险？

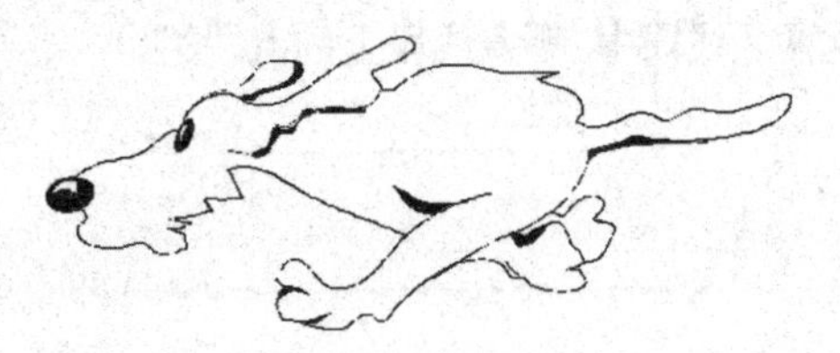

336. 门和竹竿

有一个门和一根竹竿。把竹竿横放，竹竿长比门宽多 4 尺；把竹竿竖放，竹竿长比门的高度多 2 尺；把竹竿斜放，竹竿长正好和门的对角线等长。问：门的高、宽、斜（即对角线）各几尺？

337. 三角形的个数

请你数一数下面这个图形中有多少个三角形。

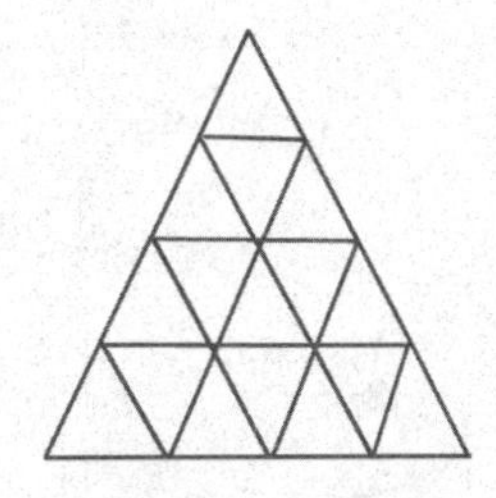

338. 分割等腰梯形

图为一个底角 60°，上底和腰相等的等腰梯形。请你将它分割成大小相等、形状相同的四个图形。

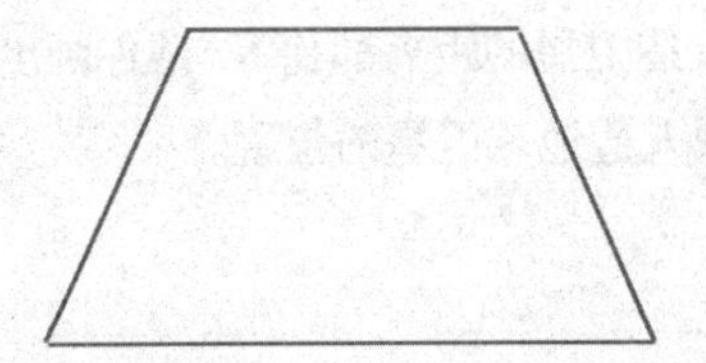

339. 线段上的点

有两条线段 AB 和 CD，AB 比 CD 长。问：这两条线段中，哪条线段上的点“多”？

C ——— D

A ——— B

340. 壁虎捕虫

壁虎在一座油罐的下底边沿 A 处，它发现在自己的正上方——油罐上边缘的 B 处有一只害虫。壁虎决定将这只害虫捕获。为了不让害虫注意到自己，它故意不走直线，而是绕着油罐，沿着一条螺旋路线，从背后突袭害虫。结果，壁虎偷袭成功。

请问：壁虎沿着螺旋线至少要爬行多少路程才能捕到害虫？

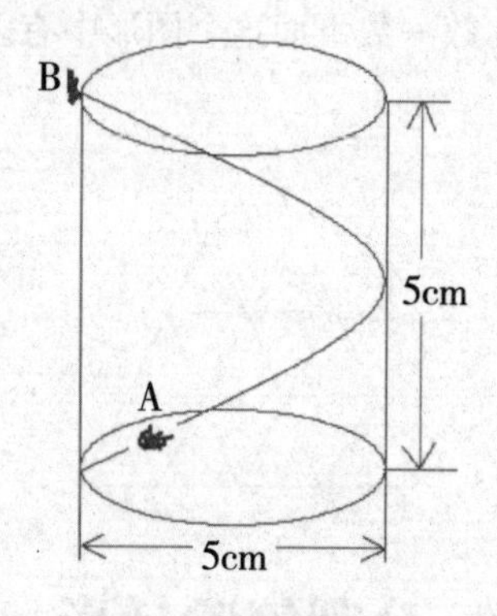

341. 四颗人造卫星

四颗人造地球卫星在各自的轨道上运行。在某一个时刻，测得每一颗人造卫星和其他三颗人造卫星的距离都相等。请你画出这个时刻四颗人造地球卫星的位置。

342. 贪婪的巴河姆

有一个叫作巴河姆的人，到一个陌生的地方去购买土地。卖地的人提出了一个非常奇怪的地价：“谁出 1000 卢布，那么他从日出到日落走过的路所围成的土地都归他；不过，如果在日落之前，买地人回不到原来的出发点，那他就只好白出 1000 卢布，一点土地也得不到。”

巴河姆觉得有利可图，于是他付了 1000 卢布，等第二天太阳刚刚升起，就连忙在这块土地上大步向前走去。他走了足足有 10 俄里（1 俄里 =1.0668 公里）路，这才朝左拐弯；接着又走了很长时间，才再向左拐弯；这样又走了 2 俄里。这时，他发现天色已经不早，夜幕即将降临，而自己离清晨出发点却足足还有 15 俄里的路程，于是只得马上改变方向，径直朝出发点拼命跑去。经过一番努力，最后巴河姆总算在日落之前赶回到了出发点。可是他还没有停稳，就两腿一软，倒在地上死了。请问：巴河

姆这天一共走了多少路？他走过的路所围成的土地有多大？

343. 偶数个钱币

一个正方形里有16个小方格，在里面放上16个钱币，每个小方格放一个，如图所示。现在要求从正方形里取出6个钱币，使每横行与每竖行中剩下偶数个钱币。由于取法不同，剩下钱币的分布也不相同。想一想，有几种不同的情况。

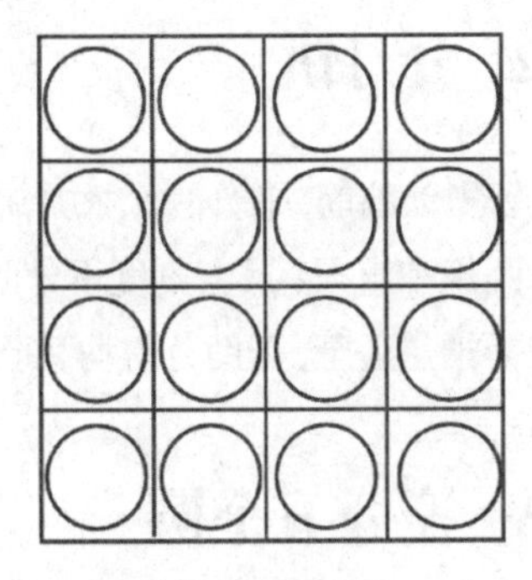

344. 分等积图形

下面是一个由13个小正方形组成的图形。每个小正方形的边长等于1个单位。通过A点作一条直线，把图形分成面积相等的两部分，并使线段的长度是有理数。作图时只能用圆规和直尺。你能分出来吗？

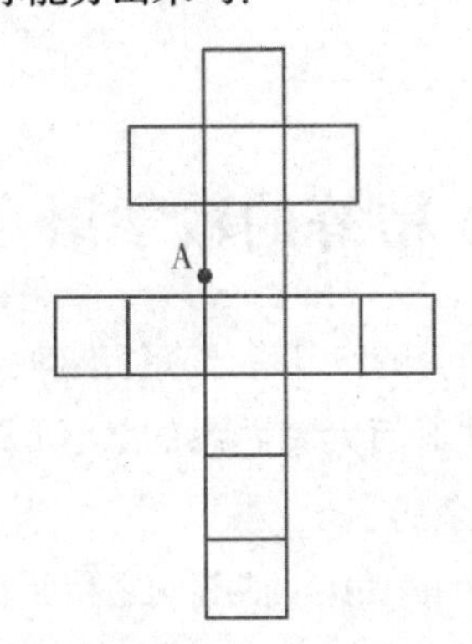

345. 拼正方形

图中是五个小正方形。认真考虑一下，需要把这个图形切几刀，才能拼成一个大正方形。我们现在把这个图形只切两刀，分成三部分，这三部分可以拼成一个正方形。但是不能把切出的部分拼到切口上，只能把原图形的边拼在一起。

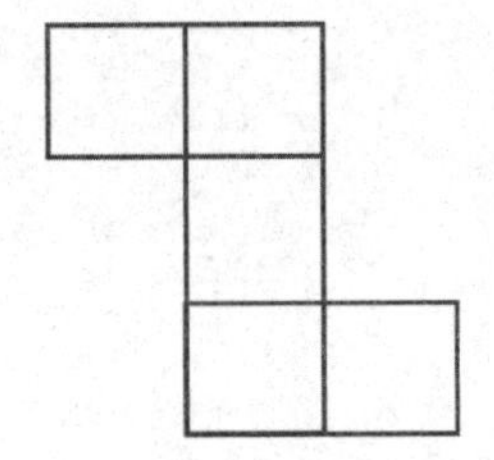

346. 分圆

试试看，用六条直线把一个圆分成最多的份数。如图所示，图中的圆被分成了16份。但是，这种分法不是最多的份数。能分的最多份数，由公式$\frac{n^2+n+2}{2}$确定，其中n是割线数。（在解题时，力求做到直线位置的对称性）

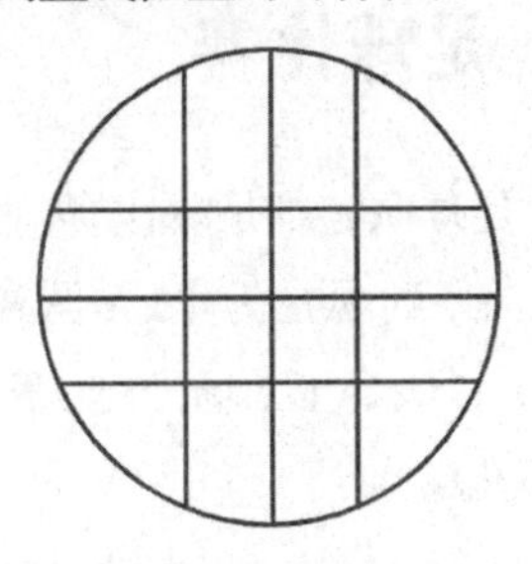

347. 怎样排列

（1）怎样把12只灯泡排成6行，每一行有4只灯泡。

（2）怎样把13只花盆摆成12行，每一行有3只花盆。

（3）怎样把25棵树栽成12行，每一行有

5 棵树。

请你开动脑筋好好想一想。

348. 找圆心

只用一块没有刻度的三角板和一支铅笔，此外没有其他的作图工具。请你将圆心找出来。

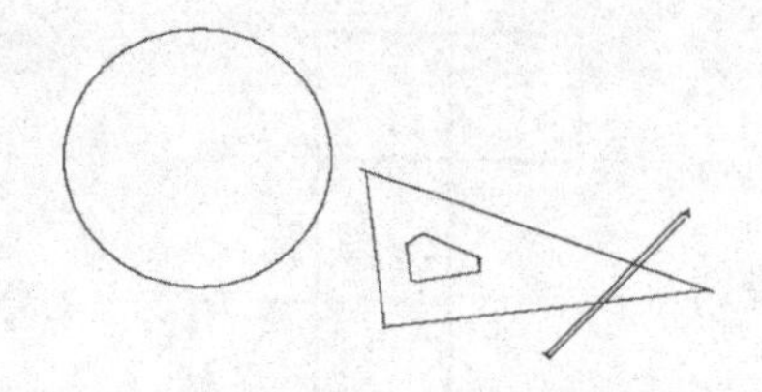

349. 含“数”的长方形

下图中含有“数”的长方形有多少个？

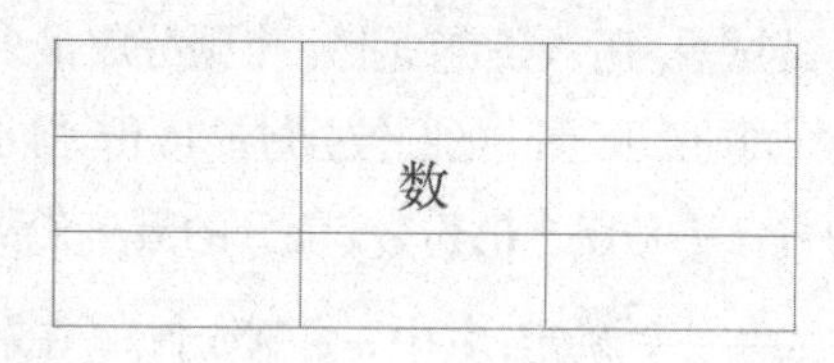

350. 足球比赛

有五个足球队参加足球比赛，他们分别是 A、B、C、D、E，到现在为止，A 队赛了 4 场，B 队赛了 3 场，C 队赛了 2 场，D 队赛了 1 场。那么 E 队赛了几场？

351. 对应面

一个正方体有 A、B、C、D、E、F 六个面。下图是从三个不同角度看到的这个正方体的部分面的字母。那么这个正方体到底哪个面与哪个面相对？

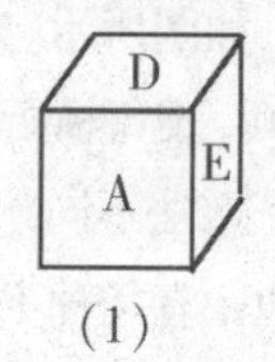

(1)

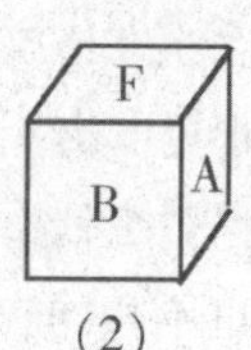

(2)

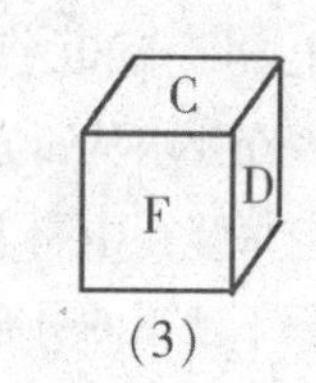

(3)

352. 分月饼

三个智叟动脑筋，平分一个大月饼。

仅有圆规和直尺，尺上刻度不分明。

正在为难愚公至，帮助分得均又平。

353. 等分五个圆

下面是由五个大小相等的圆组成的图形。P 点是最左侧的圆心，你能通过 P 点作一条直线，二等分这五个圆的总面积吗？

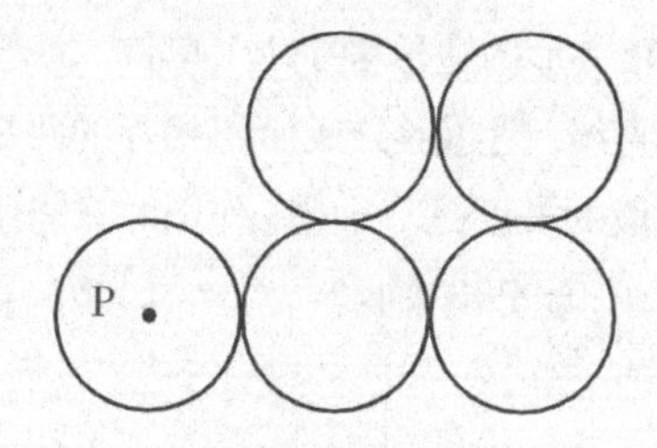

354. 精练的数学语言

数学语言的特点是：简短、准确、严密。

（1）从下面大家熟悉的数学语言的句子中，找出多余的字。

①一直角三角形的两锐角之和等于 90°。

②如果直角三角形的直角边等于斜边的

一半，那么它对应的锐角是30°。

(2)用适当的数学术语将下面的短语进行简化。

①割线在圆周内的部分。

②边数最少的多边形。

③通过圆心的弦。

④底与侧边相等的等腰三角形。

⑤两个同心而不同半径的圆。

(3)在三角形ABC中，AB=BC，AD=DC，试找出至少五个表示线段BD的术语。

(4)现在有七个同类的术语：平行四边形、几何图形、正方形、多边形、平面图形、棱形、凸四边形。试把这些名称排成一个次序，使前面名称的概念里包含后面的名称。

(5)已知任何凸多边形的全部外角之和等于四个直角，那么请问：凸多边形中内锐角最多可以有几个。

355. 走过的路线

一个人站在旗杆(点P)东面1米远的地方，向正北方向走；走到与旗杆呈北东方向时，再向北西方向走；走到与旗杆呈正北方向时，再向西走，走到与旗杆呈北西方向时，又向西南方向走；走到与旗杆呈正西方向时，再向南走……请你画出这个人走过的路线，并且解答下列问题。

这个人走到旗杆的正东方向时，他离旗杆的距离有多远？用d(离开旗杆P的距离)和n(走过的线段数)将计算人与旗杆距离的一般公式导出。

356. 钱币的重量

一位古币学家有一张特制的台子，在台上有一个供放墨水瓶之用的直圆柱形的洞。古币学家有两个厚度相同纯金的古钱币，其中大的钱币正好能放进洞里；而小的钱币放在洞口有以下现象；如果轻轻地推一下小钱币，小钱币向洞中心移动，当小钱币的边达到洞的中心时才开始倾斜而下。大的钱币重6盎司，小的钱币重多少？

357. 自行车掉头的地点

A、B两地相距36公里，三个学生从A出发向B方向行走。他们有一辆自行车，但自行车只能乘两人。自行车的速度是步行速度的3倍。甲、乙、丙三人行走的方法是：首先甲、乙两人乘自行车，丙步行；自行车行驶到某点C时，乙下车向前步行；甲骑自行车马上返回，去接丙；在点D碰到了丙，丙乘上自行车后，两人到达目的地B。如果要求三个人同时到达目的地，那么自行车改变方向的地点C、D，应该离出发点A的距离是多少？(假定自行车的速度不变，两个人步行的速度相同)

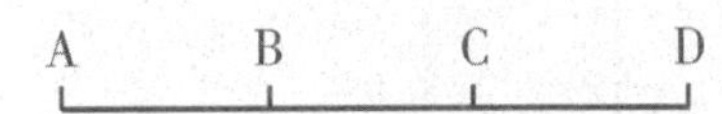

第四部分　趣味几何答案

281. 改变面积

只要在2上面加上根号后，面积就会减半，如下图所示：

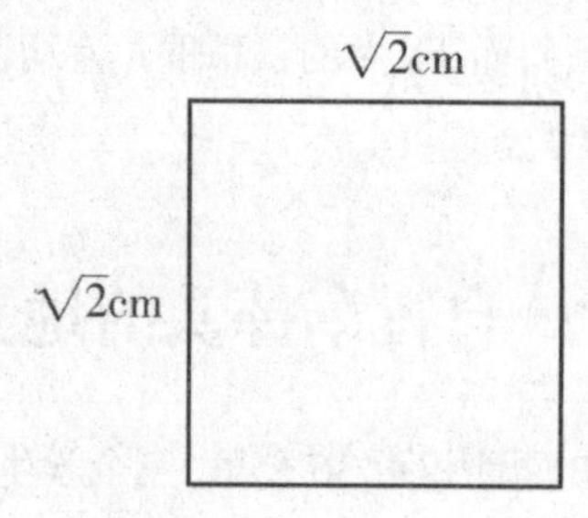

282. 小朋友做游戏

有这种可能。4个人分别站在正方形的4个角处。按顺序分别是甲、乙、丙、丁。

283. 连接五角星

如下图所示，这4颗五角星连在正方形的三条边上。

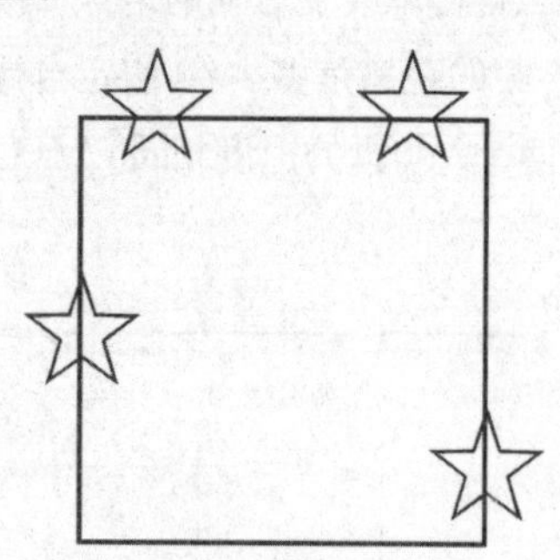

284. 巧移橡皮

答案如下图所示：

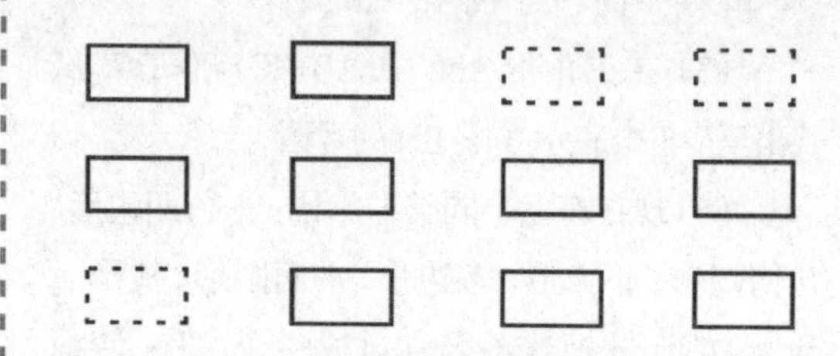

285. 小欧拉智改羊圈

将原来15米的边延长到了25米，又将原来40米的边缩短到25米。这样，原来计划中的羊圈变成了一个25米边长的正方形。

286. 苏丹王的矩形

这个矩形是：长6米，宽3米，长、宽都是3的整数倍，面积18米，周长也是18平方米。

287. 一朵莲花

用勾股定理可以解答这个问题。（如图）

设水深为x，则两个直角边长便是x和16。因为水上还露4尺，所以斜边应是x+4。根据勾股定理可列方程式如下：

$x^2+16^2=(x+4)^2$

$x=30$

即水深30尺。

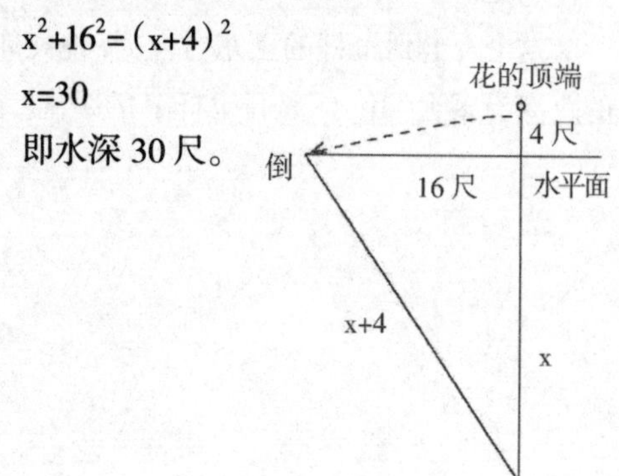

288. 两个“空隙”

设铁丝加长后绕成的圆半径是 R 米，地球赤道半径是 r 米。空隙则为：

$$R-r=\frac{2\pi r+1}{2\pi}-r$$
$$=\frac{2\times3.14r+1}{2\times3.14}-r$$
$$=\frac{6.28r}{6.28}+\frac{1}{6.28}-r$$
$$=r+\frac{1}{6.28}-r=15.9\text{（厘米）}$$

根据同样的解法，可知铁丝圆周与乒乓球之间的空隙也是 15.9 厘米。这说明，不论相差多大的两个圆，若分别对其周长增加或减少相同的长度，所形成的空隙是相同的。

289. 拼成正方形

按虚线剪开

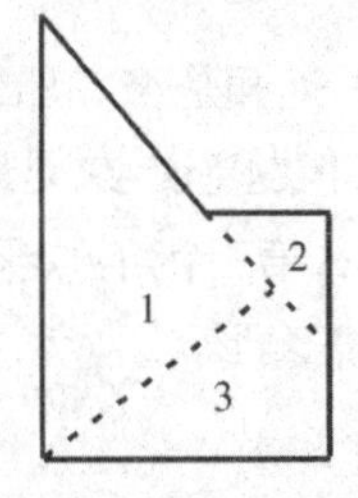

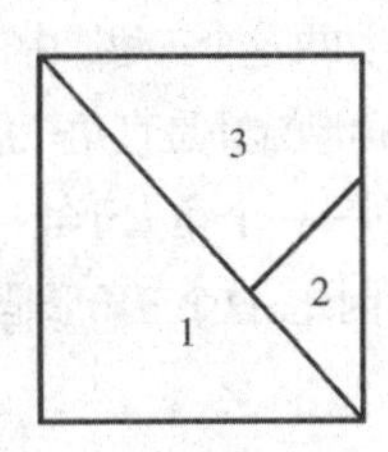

290. 拼图形

按虚线剪开

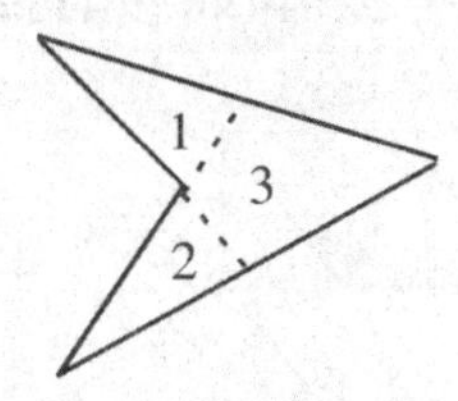

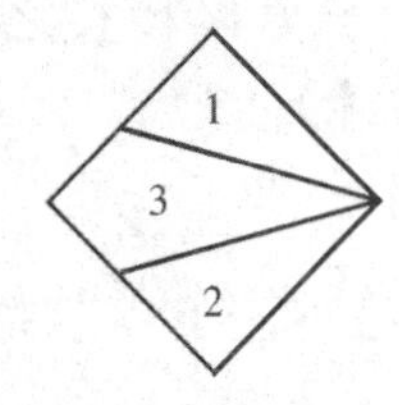

291. 化桥为方

按虚线剪开

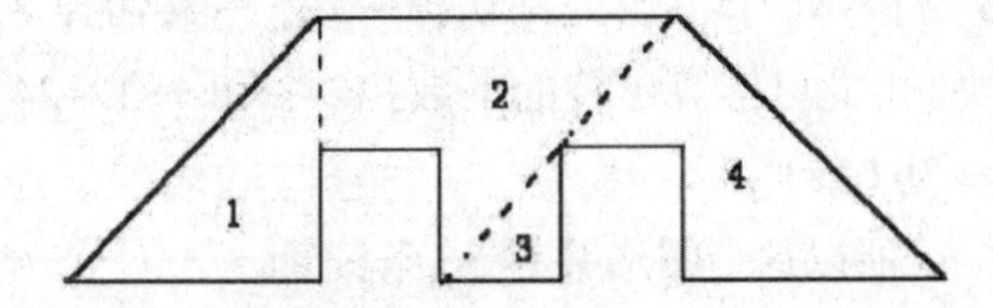

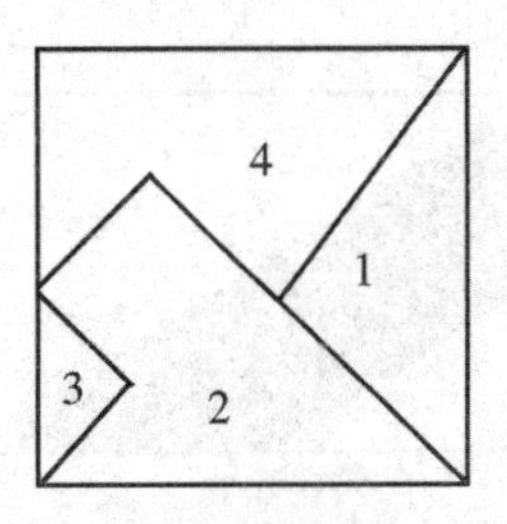

292. 分成全等的图形

按虚线剪开后，即可分成两块全等形。

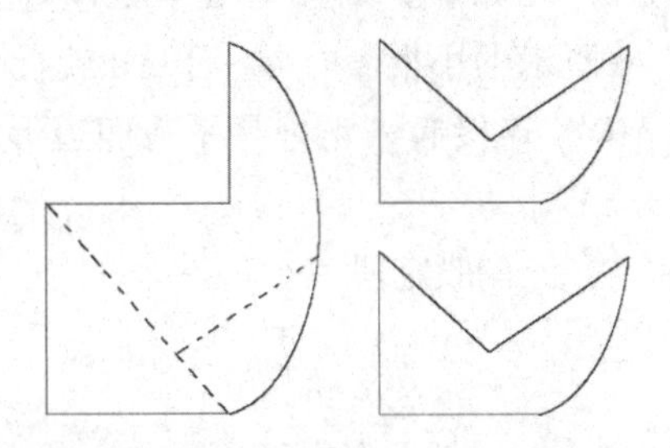

293. 六个小圆

杰克的办法是把左边的小圆圈移到极远的右方，如下图所示。

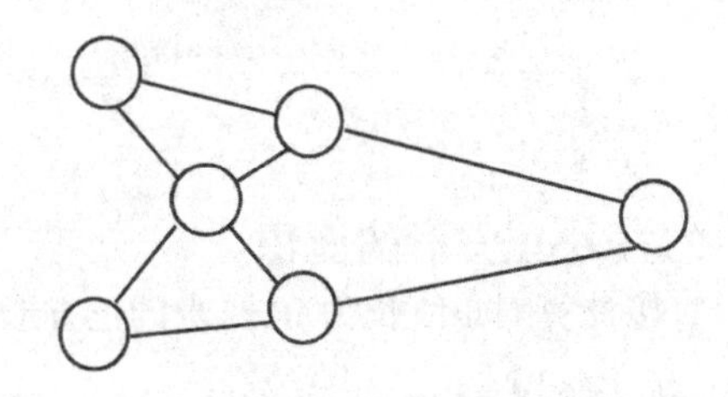

294. 切西瓜

只要按照下面图形的三条直线切就行了。

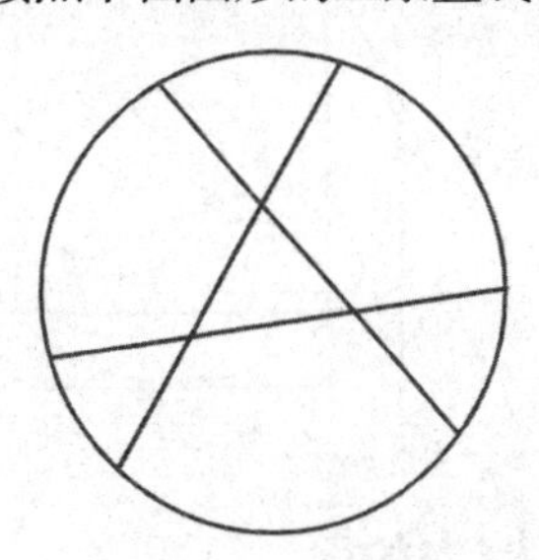

295. 阴影部分的面积

可以在对角线 AC 上取中点 G，连接 EG、FG，则有△ ABC 被四等分，阴影部分占△ ABC 的 3/4，则占长方形面积的 3/8。

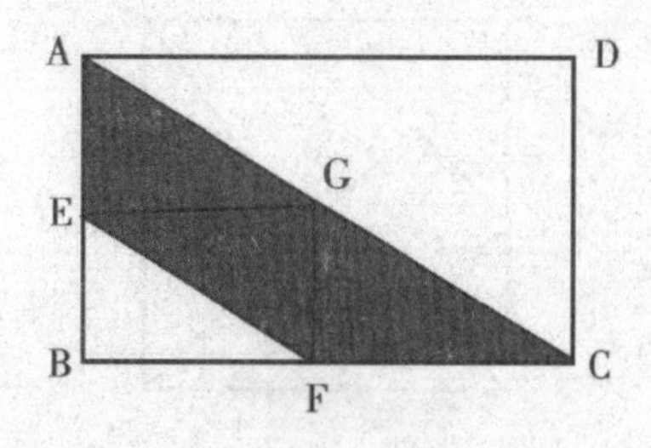

296. 书的内部对角线

方法一：如下图所示，在 Y 点处垂直立一根长 20 厘米的小棍 YB，量一下 AB 就行了。因为 ABYX 连接起来正好是平行四边形，所以 AB=XY。

方法二：勾股定理

$\sqrt{25^2+20^2+20^2}=5\sqrt{57}$

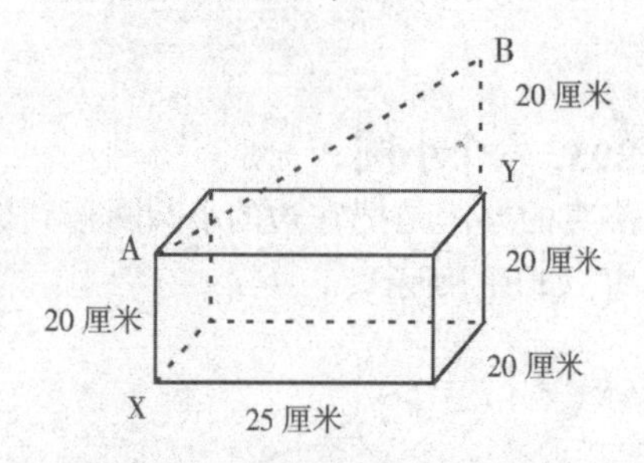

297. 小正方形的面积

直接计算对角线长为 10 厘米的正方形的面积。即 $\frac{10\times10}{2}=50\text{cm}^2$。

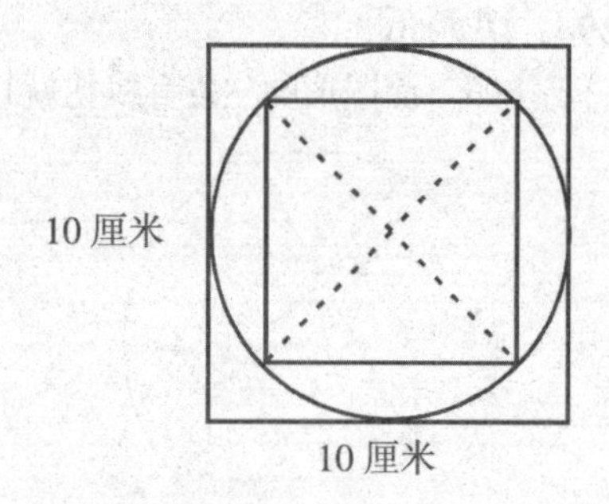

298. 挖去的面

挖去一个小正方体就增加 5 个小正方形的面，一共挖去 6 个小正方体，那么表面小正方形的面会增加 5×6 = 30（个）。

299. 涂颜色

一共分成的块数：4×4×4 = 64（块）

涂色的块数：（4×4+8+4）×2 = 56（块）

则没有涂颜色的木块为：64−56 = 8（块）

300. 圆的直径

在这张纸上画最大的圆，圆周应完全贴近长方形纸相邻的三个边。如下图所示，它的直径就是长方形纸的宽。

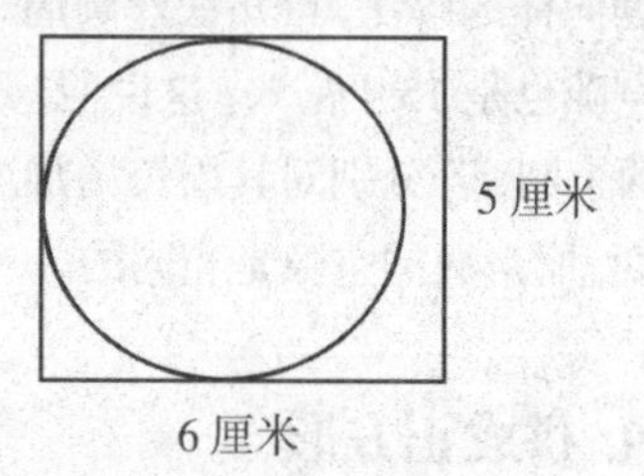

301. 判定三角形

如果这个三角形中还有一个角是 45°，那么这个三角形恰好是直角三角形。但题意说 45° 是最小角，则另一个角大于 45°，那么第三个角肯定不够 90°。因此，这个三角形是锐角三角形。

302. 棱长之和

截成正方体棱长：24÷12=2（厘米）

长方体的长：2×2=4（厘米）

长方体棱长之和：2×8+4×4=16+16=32（厘米）

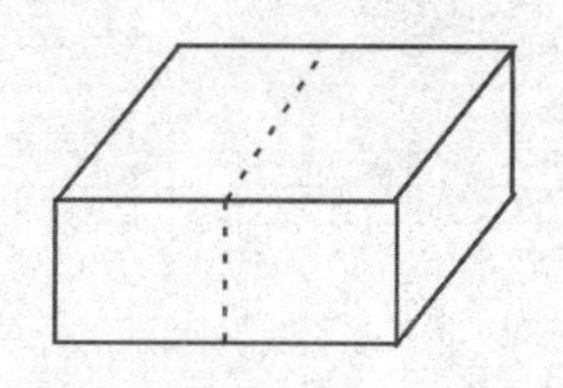

303. 被切掉的盒子

正方体原有 12 条棱，每切掉一块就增加 3 条棱，每个顶点处都切掉一块，一共切掉 8 块。由此可推算出棱的条数：12+3×8 = 12+24 = 36（条）

所以这个图形共有 36 条棱。

304. 缺失的方砖

求缺少方砖的面积，必须知道缺少方砖的块数。

未缺少方砖块数：7×3+4+1+3+6 = 35（块）

缺少方砖块数：7×7−35 = 49−35 = 14（块）

缺少方砖的面积：14×4 = 56（平方分米）

305. 模具的表面积

每挖一个方孔就增加 4 个 2×2=4（平方厘米）的表面积。

那么挖方孔共增加的表面积：2×2×4×6=96（平方厘米）。

这个模具的表面积：6×6×6+96=216+96=312（平方厘米）。

306. 木块的体积

打一个孔去掉的体积：2×2×4=16（立方厘米）

打 3 个孔去掉的体积：16×3−2×2×2×2=32（立方厘米）

打孔后钢块的体积：4×4×4−32=32（立方厘米）

307. 堆成的正方体

要求它的表面积，实际就是数出这个图形中小正方体露在外面正方形面的个数。则前后左右小正方形面的个数是 12+8+4=24（个），上下小正方形面的个数是 9×2=18（个），所以图形表面积：24+18=42（平方分米）。

308. 正方体图形

要求它的表面积，实际是数清楚它露在外面有多少个小正方形的面，再计算出这些面的总面积。上下各有 9 个小正方形面，前后各有 10 个小正方形的面，左右各有 8 个小正方形的面。那么大立方体表面包含小正方形面的个数是 9×2+10×2+8×2=54（个），则大立方体的表面积是 2×2×54=216（平方厘米）。

309. 横截圆柱体

横截成两个小圆柱体，表面积实际增加了两个底面的面积。由此可求出原来圆柱体的底面积，进而可求出它的体积：1.6÷2×1.5=1.2（立方分米）。

原来圆柱体的体积是 1.2 立方分米。

310. 无盖的铁盒

根据题目已知条件得知，折成铁盒后里面的长是 20−5×2=10 厘米，宽是 14−5×2=4 厘米，高是 5 厘米。由此便可求出铁盒的容积是：10×4×5=200（立方厘米）=200（毫升）

铁盒的容积是 200 毫升。

311. 爬行的蜗牛

由题意可知，此题就是比较大圆弧和三个小圆弧的长短，因此想办法表示出它们的长度，然后比较就可以了。

我们可以设小半圆弧直径为 d，那么三个小半圆弧的总长是：$\frac{\pi d}{2}\times 3=\frac{3\pi d}{2}$

大半圆弧的直径为 3d，它的长度是：$\frac{\pi\cdot 3d}{2}=\frac{3\pi d}{2}$

从上面的计算结果看，两条路一样长。

所以两只蜗牛同时到达 B 点。

312. 不同的走法

9 种。

A—B—C—F；A—B—F；A—B—E—F；A—E—B—C—F；A—E—B—F；A—E—F；A—D—E—F；A—D—E—B—F；A—D—E—B—C—F。

313. 折叠白纸

如下图所示，纸张的折叠角也是 58°。而根据平行线内错角定理可知，另一个角也是 58°。

所以我们很快求出 $x=180°-58°\times2=64°$。

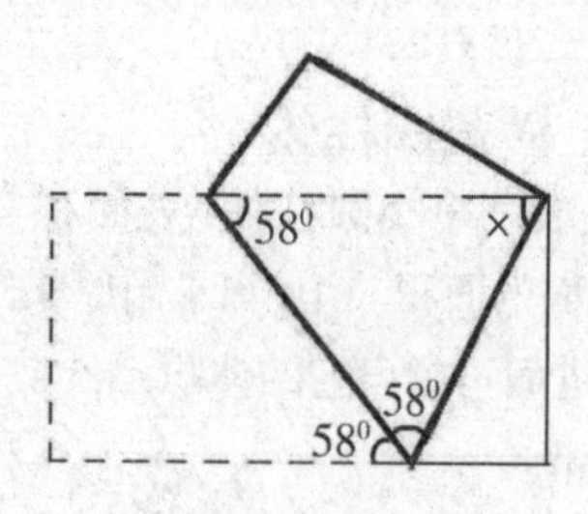

314. 三截木棍

因为三角形的两边之和大于第三边，所以只需要把两截稍短的木棍首尾相连，如果它们的长度大于最长的那截，那么就能组成一个三角形。

315. 扩建鱼池

扩建方案如图所示：

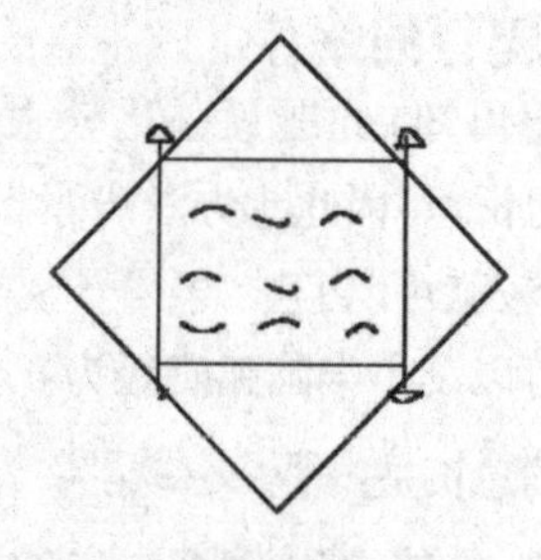

316. 重叠部分的面积

大的正三角形与小的正三角形边长之比为（5+2）：（3+2），即 7 ： 5。

两者的面积之比为其平方比，即 49 ： 25。做到这一步，问题就明朗了。

与 49–25=24 相当的实际面积为 48 平方厘米，而重叠部分的面积相当于 2 的平方，即 4，所以，实际面积为 8 平方厘米。

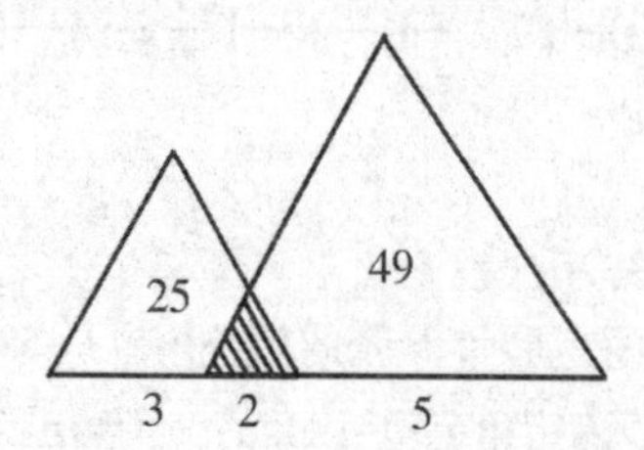

317. 蜗牛爬行

圆锥上部的虚线所表示的线路不是最近的。如下图中所示的直线 AA' 才是最近的路线。

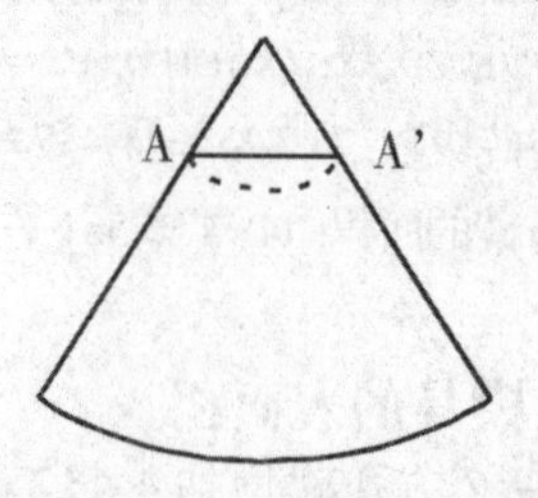

318. 怎样架桥

如下图所示，架一个宽 300 米的大桥，从桥上斜着走过去，就是 A 到 B 的最短距离。

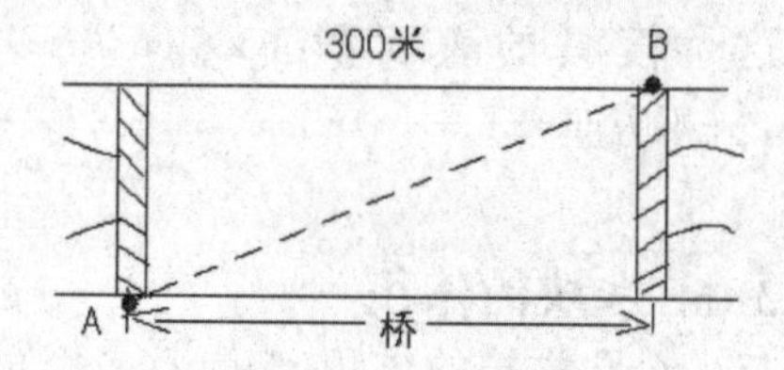

319. 两杆之间的距离

相交点的高度等于两根杆子高度的乘积除以高度之和，与两杆之间的距离根本无关，所以两杆之间的距离可以是任意长度。

320. 巧切蛋糕

切法如下：

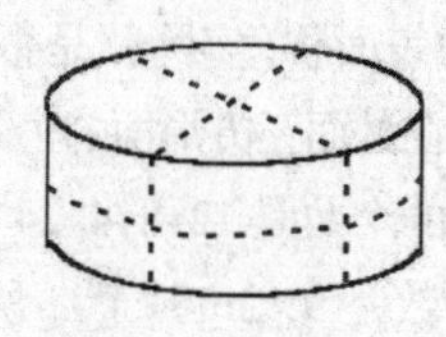

321. 切正四面体

沿着某些边的中点处切即可，切口为六角形。

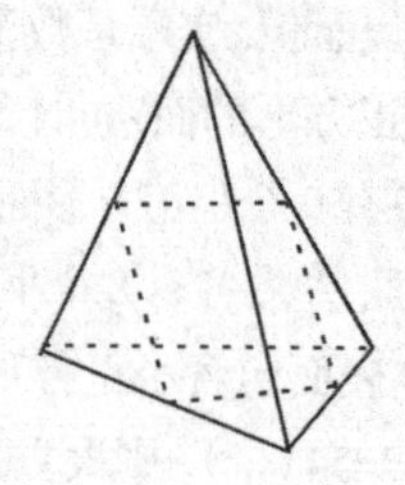

322. 剪正方形

剪出的图形如图所示:

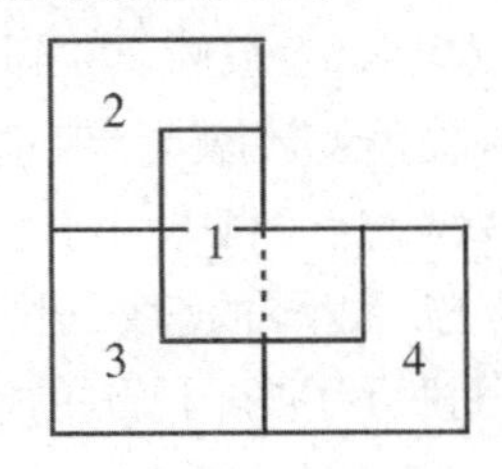

323. 摆三角形

题目并没有要求 3 根木棒必须首尾相接，所以就很容易摆成一个三角形，如下图所示:

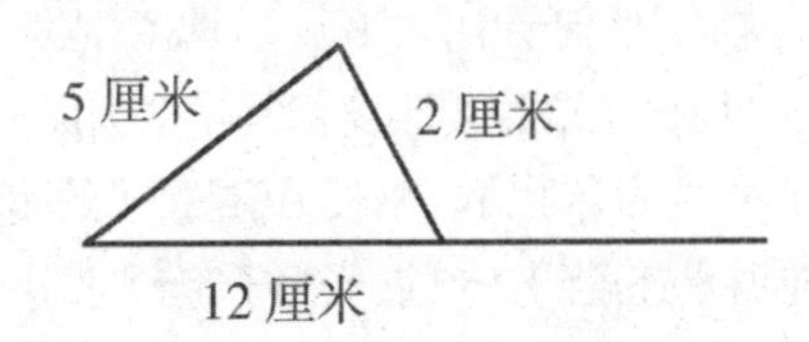

324. 巧增三角形

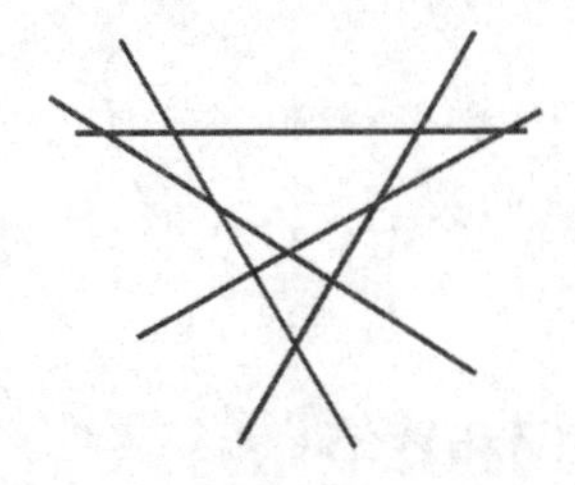

325. 两个三角形

我们可以将圆内的小三角形绕圆心旋转 60°，得到如下图所示的图形，这样就很容易看出，圆外的正三角形正好被平均分成 4 个小正三角形，也就是说，圆外正三角形面积是圆内正三角形面积的 4 倍，所以圆外正三角形的面积是: 500×4=2000 平方厘米。

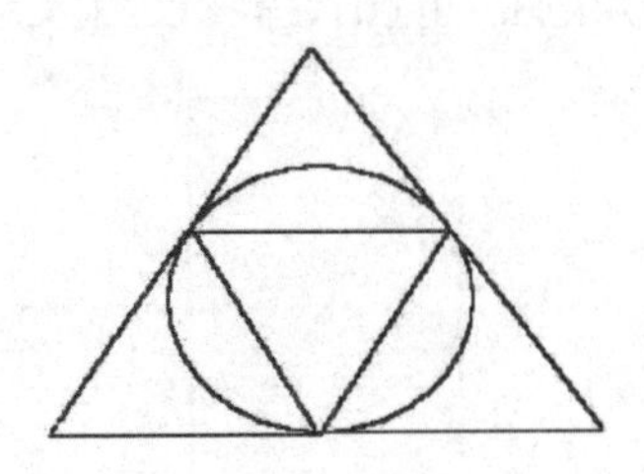

326. 构制正方形

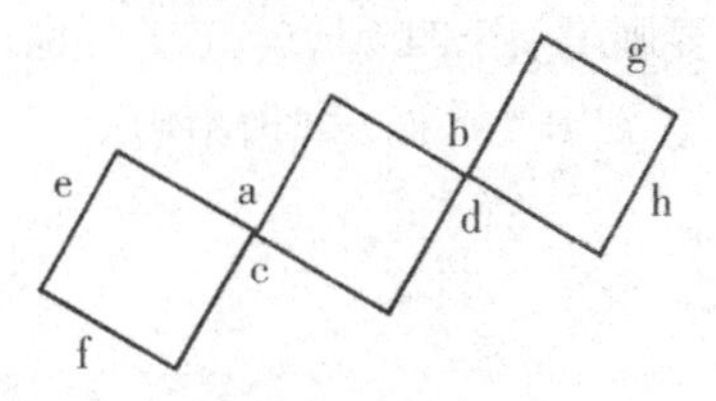

327. 纸上画圆

可以画 6 个圆。因为纸有正反两面，每面可以画 3 个。

328. 挨骂的工人

挨骂的是丙工人。

正三角形、正方形、正六角形都能把墙面完全铺满，而丙工人使用正五角形铺墙，完全是徒劳的做法。

329. 测量金字塔

这个数学家挑了一个晴朗的日子，从中午一直等到下午，当太阳的光线给每个人和金字塔投下长影时，就开始行动。在测量者的影子和身高相等的时候，将金字塔阴影的长度测量出来，这就是金字塔的高度，因为测量者的影子和身高相等的时候，太阳光射向地面的角度正好是 45° 。

330. 两条小路

他们两人同时到达 B 点。如图所示，左边路线的各分段距离之和，正好等于右边路线的距离。

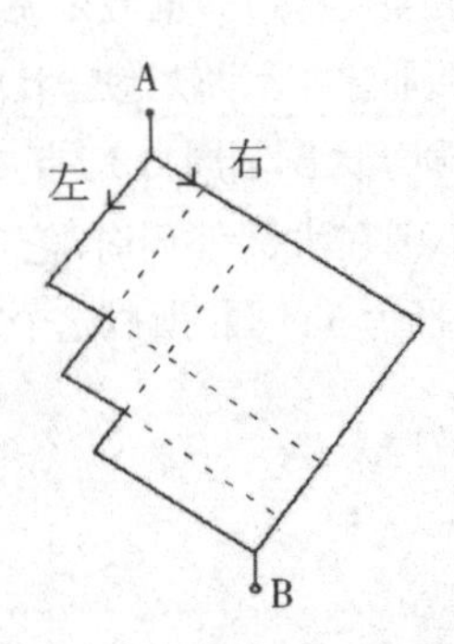

331. 平行变不平行

只要画出一个四面体就可以了，四面体以B为顶点，ACD为底面，如下图所示：

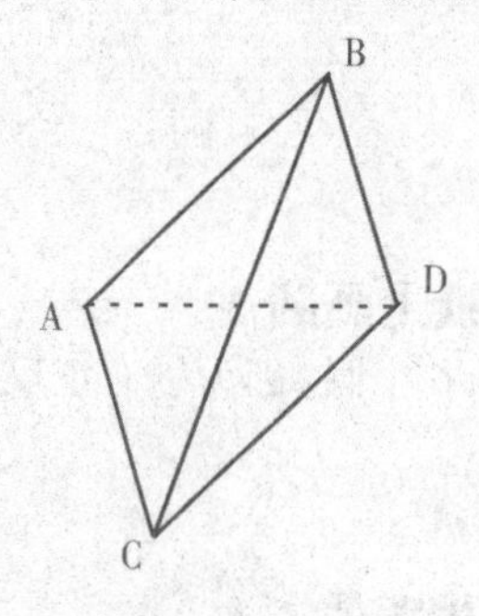

332. 摆椅子

正确的摆法如图所示：

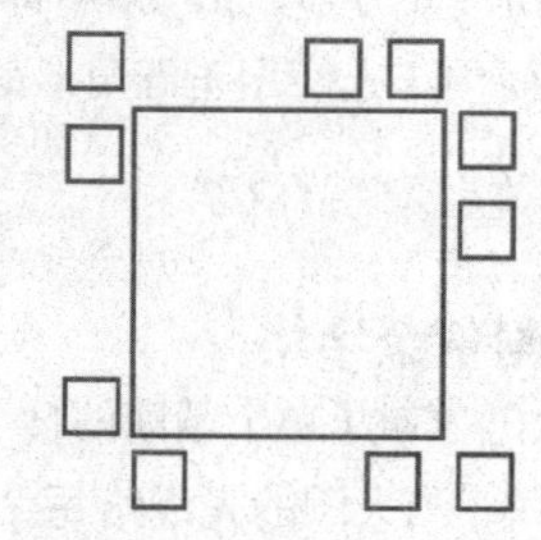

333. 连线

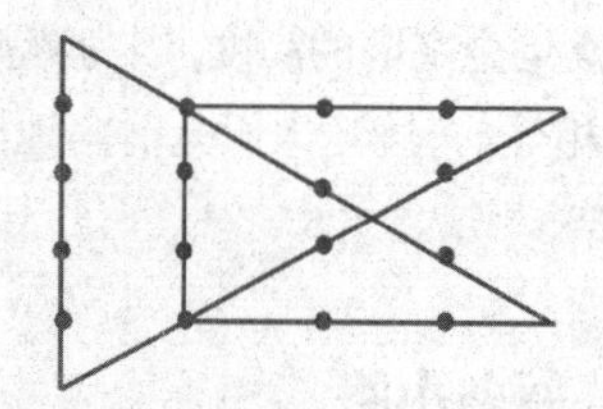

334. 两个圆环

小圆的自转周数只和它本身圆心的运动轨迹以及它的半径有关。也就是说小圆在大圆内部时，它的圆心的运动轨迹是半径为1的圆，所以此时小圆绕大圆圆周转1周时自身也是转1周。而当小圆在大圆外部时，它的圆心的运动轨迹是半径为3的圆，所以这个时候应该是3周。

335. 狮子与小狗

如果小狗在圆形池塘中沿着圆周游，那么不管它游到哪里，都会被狮子牢牢盯住。

如果小狗跳下池塘后就沿着其直径笔直往前游，那么狮子就要跑半个圆周。由于半圆长是直径的 $\pi\div2\approx1.57$ 倍，而狮子的速度是小狗的2.5倍，因此小狗还是逃脱不了被狮子抓住的命运。

所以，小狗要想逃出狮口，就必须利用狮子沿着圆周跑这个特点，在跳下池塘后就游向圆形池塘的圆心。到达圆心后，看准狮子当时所在的位置，例如P，马上沿着和狮子连线的相反方向游去。这时，小狗要上岸（B点）只需游池塘的半径的长，而狮子要跑的距离仍是半个圆周长，也就是半径的 π（约3.14）倍长。可是狮子的速度仅为小狗游水速度的2.5倍，当狮子跑到时，小狗已经上岸，并早已逃掉了。

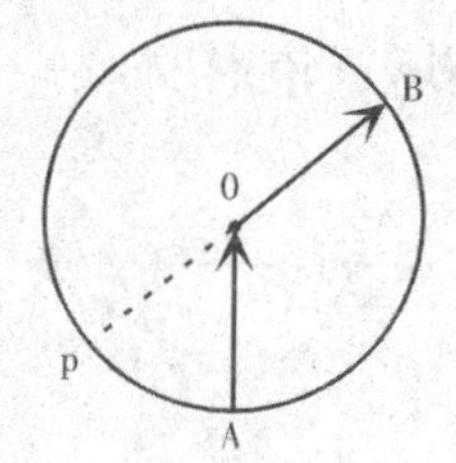

336. 门和竹竿

设竹竿长为x尺，那么门宽AC=x–4（尺），门高AB=x–2（尺），而门的对角线长刚好为x尺。

根据勾股定理有：

$$x^2=(x-2)^2+(x-4)^2$$

整理得 $x^2-12x+20=0$。

对于这个方程有解 $x_1=10$，$x_2=2$。但在这个问题中，x=2不符合题意，因此x=10。

由此可得知：门宽6尺，高8尺，斜长为10尺。

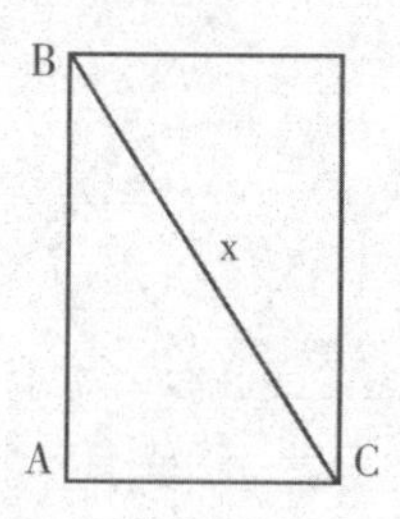

337. 三角形的个数

一共包含27个大小不同的三角形。其中，以一个单位长为边的三角形16个，以二个单位长为边的三角形7个，以三个单位长为边的三角形3个，以四个单位长为边的三角形1个。

338. 分割等腰梯形

首先，我们很容易将这个梯形分成三个形状相同、大小相等的等边三角形，如图1。

其次，三化为四，把这三块的相邻部分都切出一块形状相同、大小相等的图形，并且使拼起来的图形同其他三块形状相同、大小相等。显然，这只要，把每个等边三角形的两个边的中点连起来就行了如图2。

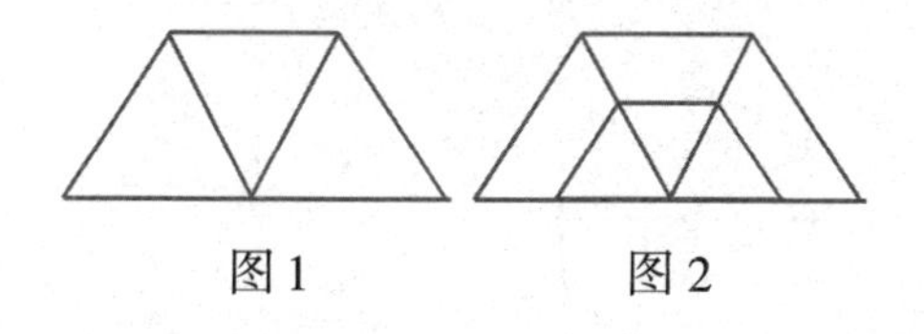

图1　　　　图2

339. 线段上的点

延长AC、BD交于P，在AB上任意取不同的两点M、N，连接PM、PN交CD于M'、N'。由于MP、NP交于P，因此M'、N是CD上不同的两个点。这就可以看到，AB上的点并不比CD上的点"多"。反过来，CD上的点也不比AB上的"多"。所以我们说，AB和CD上的点是一样多的。

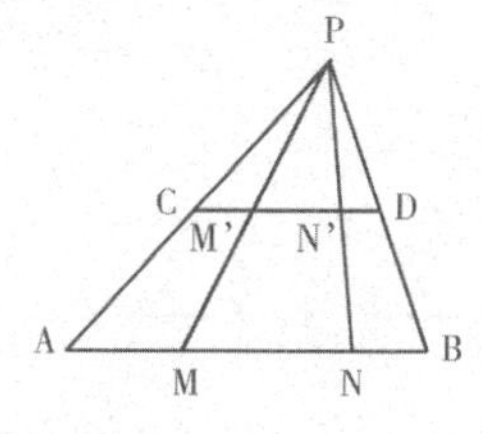

340. 壁虎捕虫

把油罐沿着母线切割开来，再摊平，就成为一个矩形，而壁虎爬行的路程就是这个矩形的对角线AB的长。应用求圆周长公式及勾股定理，可以很方便地计算出壁虎爬行的路程16.48米，它是壁虎绕着油罐到达害虫那里的最短路线。

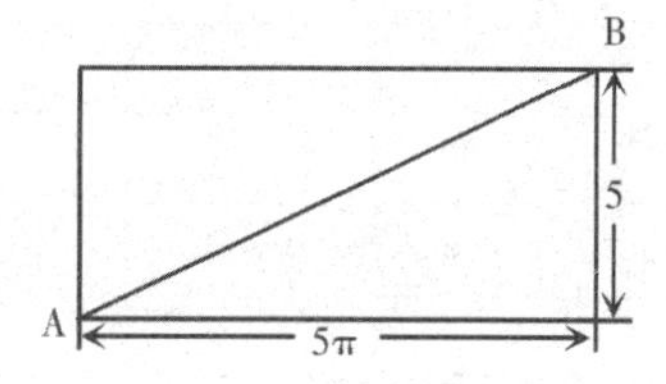

341. 四颗人造卫星

因为四颗人造地球卫星两两之间的距离都相等，所以这时它们应正好位于一个正四面体的四个顶点上。

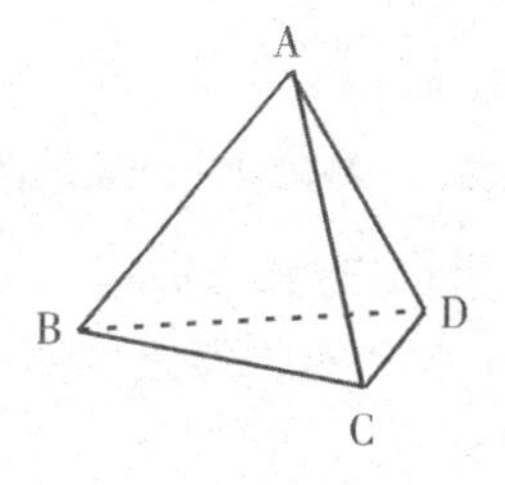

342. 贪婪的巴河姆

根据题目已知条件可知，巴河姆这一天行走的路线构成如图所示的梯形ABCD。

由于他所走的路程为AB+BC+CD+DA，而BC=DE=$\sqrt{15^2-(10-2)^2}$ =12.7俄里。因此巴河姆这一天共走了：10+12.7+2+15=39.7（俄里）。

根据梯形面积公式：

S=$\frac{1}{2}$×（上底+下底）×高=$\frac{1}{2}$×（10+2）×12.7=76.2（平方俄里）

也就是说，巴河姆走过的路所围成的土地面积为76.2平方俄里。

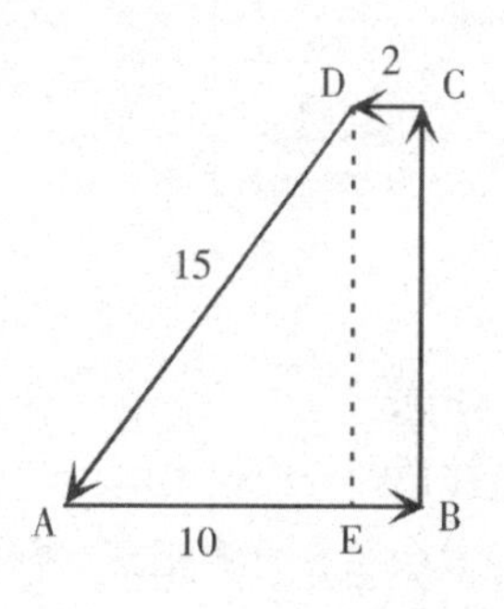

343. 偶数个钱币

有两种可能情况，如图所示。

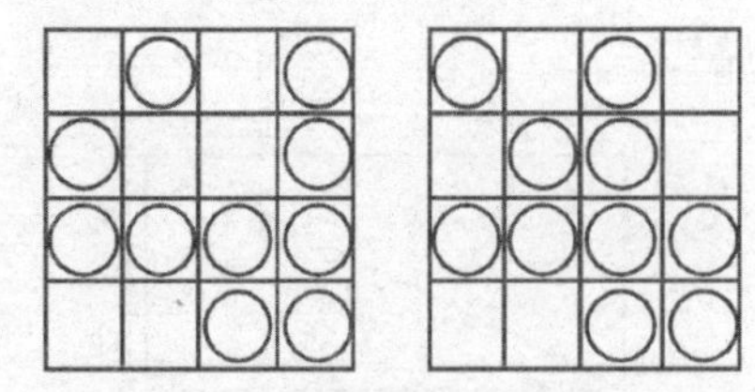

344. 分等积图形

过C点作平行于AD的辅助线BC（C点是正方形S下面一条边的中点），那么三角形ADC的面积是矩形ABCD面积的一半。因为AB=$1\frac{1}{2}$，AD=2，所以ABCD的面积等于3。这样，三角形ADC的面积等于$1\frac{1}{2}$个正方形。编上号码的正方形，再加上三角形ADC，正好是总面积的一半（$6\frac{1}{2}$个正方形）。

直线AC过A点把原来的图形分成面积相等的两部分。

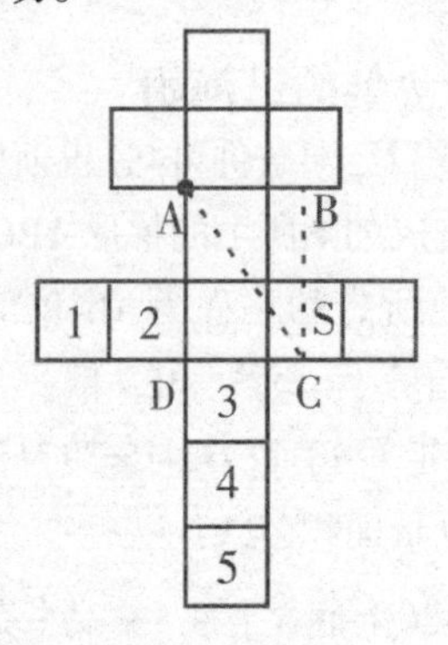

345. 拼正方形

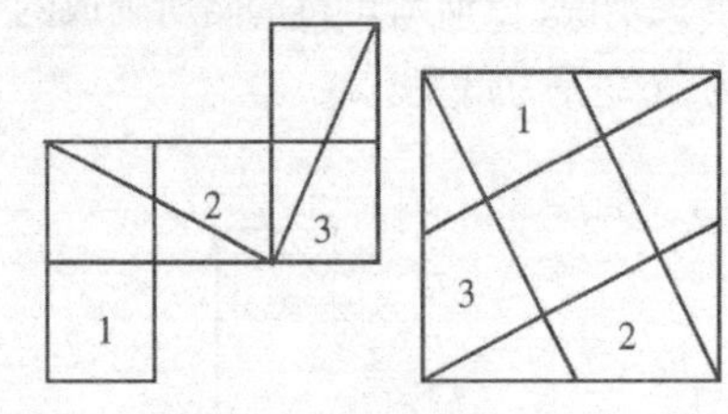

346. 分圆

为了能够把圆分成最大的份数，应该使每一条直线与其余所有直线相交，并且不在同一点上与第三条直线相交。

其中一种解法如图所示。

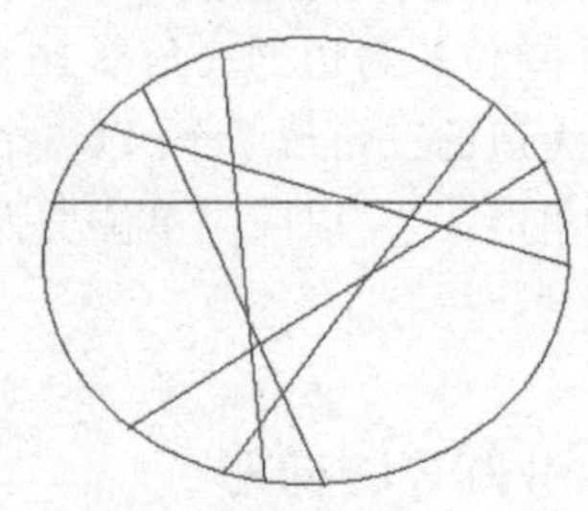

347. 怎样排列

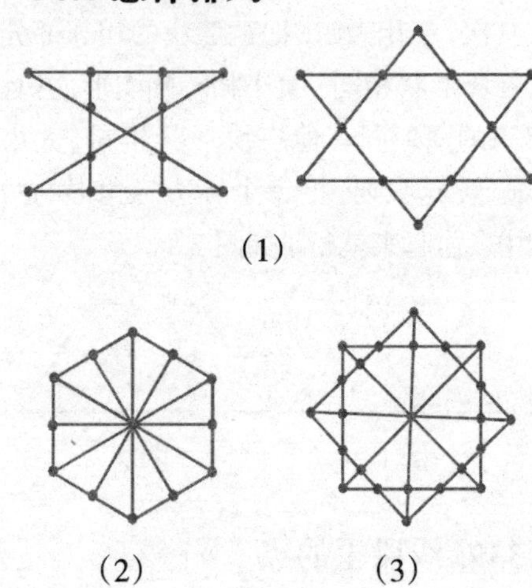

348. 找圆心

把三角板放在圆上，使三角板的顶点C与圆周上任意一点重合，三角板的两条直角边与圆分别相交于点D和E，线段DE就是圆的直径。用类似的方法作圆的第二条直径，两条直径的交点就是圆心。

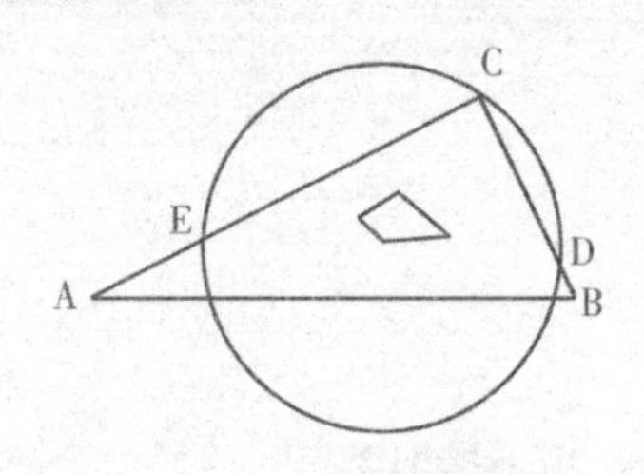

349. 含“数”的长方形

为了不重复不遗漏，可由小到大、由内向外数。

中间竖着数4个,中间横着数3个,拐角数4个,上下左右各大半部的4个,最大的1个。

合起来是4+3+4+4+1 = 16(个)。

所以符合条件的长方形有16个。

350. 足球比赛

把参赛的五个球队看成平面上不在同一条直线上的五个点,并且没有3个点在一条直线上。这样每两队比赛了1场,就可以用相应的两点间连一条线段来表示。各队比赛过的场次可用下图表示。从图中我们很容易看出,E队赛了2场。

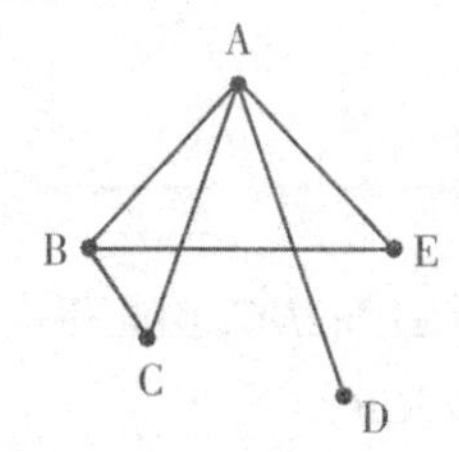

351. 对应面

观察图(1)可知,A面不与D面、E面相对;观察图(2)可知,A面不与B面、F面相对。由此可以得出,A面一定与C面相对。

再观察图(2),可以知道,F面不与A面、B面相对;观察(3)可以知道,F面不与C面、D面相对。那么F面一定与E面相对。

这样剩下的B面一定与D面相对。

所以这个正方体的A面与C面相对;B面与D面相对;E面与F面相对。

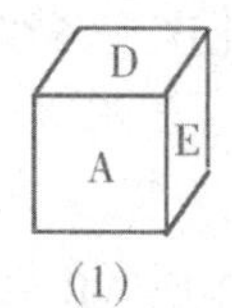

(1)

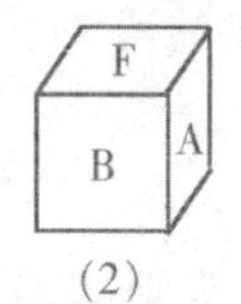

(2)

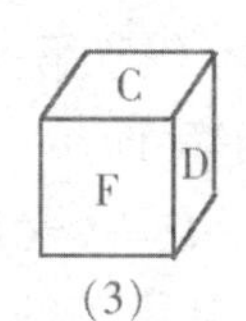

(3)

352. 分月饼

把月饼看作一个圆,以它的中心O当作圆心,通过圆心任意作一直径AB(图1),再以A点为圆心,AO长为半径画弧交圆于C和D(图2),连接CO延长到F,连接DO延长到E(图3)。沿AB、CF、DE三条直径切开,即得到六块大小相等的饼,每人分得两块。

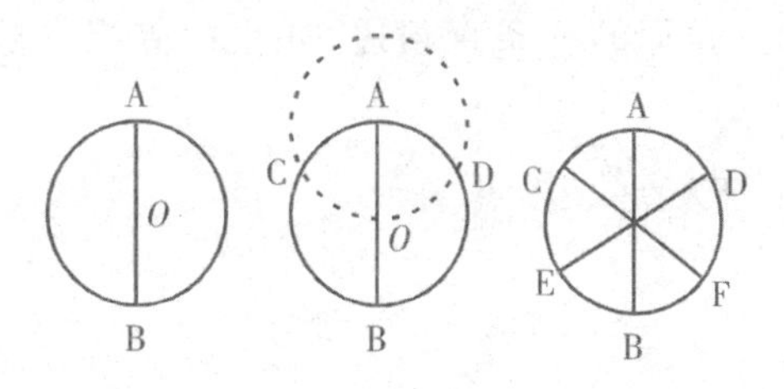

353. 等分五个圆

要等分这五个圆,首先做出一个补充圆(如下图用虚线表示的圆)。通过连接P与补充圆的圆心O所成的直线,就能把六个圆的面积二等分,五个圆的面积也就随之二等分了。用此方法还可将由七个、九个圆组成的这种形式的图形二等分。

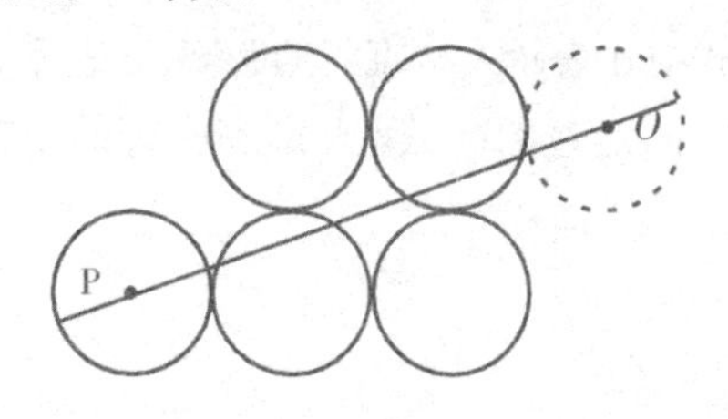

354. 精练的数学语言

(1)在①中,“两”是多余的。在②中,“直角三角形的”和“锐”都是多余的。

(2)①弦。②三角形。③直径。④等边三角形。⑤同心圆。

(3)高、中线、角平分线、对称轴、离线段AC两端等距离的点的轨迹。

(4)几何图形—平面图形—多边形—凸四边形—平行四边形—菱形—正方形。

(5)凸多边形的全部外角之和等于四直角,所以任何凸多边形都不可能有三个以上的外角是钝角。由此可知,任何凸多边形的内锐角也不可能超过三个,只有三角形才有三个内锐角。

355. 走过的路线

首先画出正确的示意图。从下图中不难看出：人走过的每一条线段，都是相应的等腰直角三角形的一条直角边。由此可导出一般公式：

$d=\sqrt{2^n}$

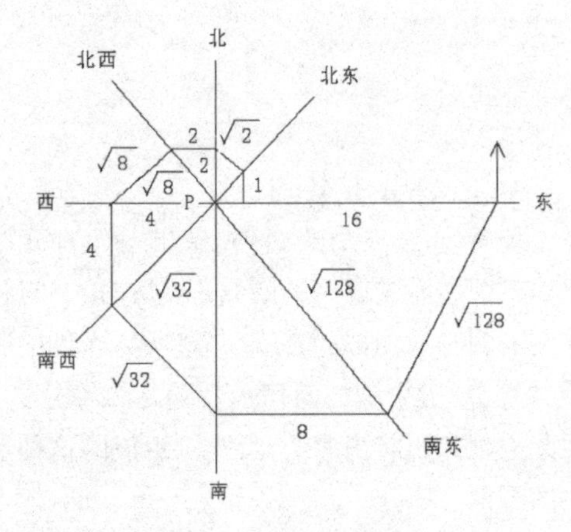

式中 d 表示人与旗杆的距离，n 表示人向不同方向走过的次数。人走到旗杆的正东方向时：

n=8

$d=\sqrt{2^n}$

所以 d=16。

356. 钱币的重量

当小钱币开始倾斜时，它的直径 AD 应该与圆洞的弦重合，如图所示。这时钱币的边与洞的中心 C 相切，连接 CB，点 B 是小钱币的中心。因为 AC、DC 都是洞的半径，AC=DC，所以 CB ⊥ AD。因为 AB、CB 是钱币的半径，所以它们相等。设钱币的半径等于 1，那么 AC= $\sqrt{2}$。因为两个钱币的厚度是一样的，所以两个钱币的重量与面积之比，等于两圆半径的平方比。因此，大钱币的重量是小钱币的 2 倍，小的钱币重 3 盎司。

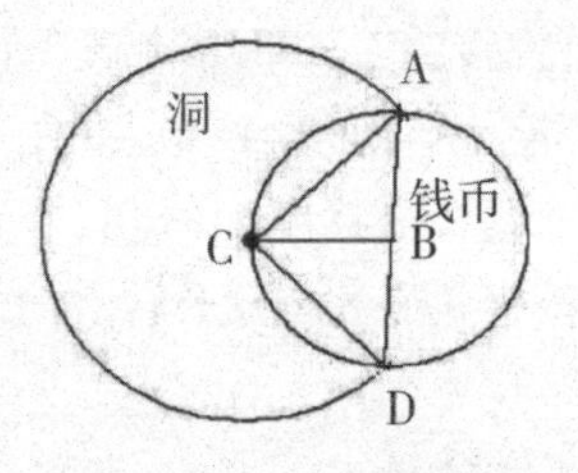

357. 自行车掉头的地点

根据题目条件，乙步行走完 CB 这段路程的时间，与自行车走了 CD+DC+CB 的路程所用的时间相等。因为自行车的速度是步行的 3 倍，所以：

$CD+DC+CB=3CB$

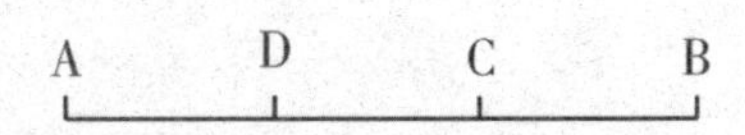

因为：$CD+DC=2DC$，由此得：

$2DC+CB=3CB$

$2DC=2CB$

$DC=CB$

在丙走完 AD 这段路程的时间内，自行车走了 AD+DC+CD 的路程，根据题目的条件，这段路程等于 AD 的 3 倍，即 $AD+DC+CD=3AD$

由此得到与上面一样的推论：

$DC+CD=2DC$

$AD+2DC=3AD$

$2DC=2AD$

$DC=AD$。

由此得到 DC=CB，DC=AD。两条线段 CB 与 AD 等于第三条线段 DC，因此这三条线段都相等，即

$AD=DC=CB$

自行车的调头地点 D 与 C 把 AB 三等分，即

$AD=12$，$AC=24$

第五部分　玩转思维

358. 一次旅行

某人在 A 和 B 之间进行一次往返旅行，希望在整个旅行中能够达到每小时 60 千米的平均速度，但是当他从 A 到达 B 的时候发现平均速度只有每小时 30 千米。问：他应当怎样做才能使这次往返旅行的平均速度达到每小时 60 千米？

359. 两个空心球

有两个大小及重量相同的空心球，它们的材料不一样，一个是金的，一个是铅的。空心球表面涂有相同颜色的油漆。你能用简易的方法判断出哪个是金的，哪个是铅的吗？（不能破坏表面油漆）

360. 分金币

桌子上有 23 枚金币，10 枚正面朝上。假设你的眼睛被别人蒙住了，而你的手又不能摸出金币的正反面。在这样的情况下，要求你把这些金币分成两堆，每堆正面朝上的金币个数相同。你应该怎样做？

361. 分油

桌子上放着三个容器，容量分别是 5 斤、11 斤和 13 斤，现有 24 斤油。问：怎样才能将这些油分成三等份？

362. 今天是星期几

一个人忘了今天是星期几，于是就去问自己的朋友。朋友想考考他，于是就说：“当‘后天’变成‘昨天’的时候，那么‘今天’距离星期天的日子，将和当‘前天’变成‘明天’时的那个‘今天’距离星期天的日子相同。”

请问：今天到底是星期几？

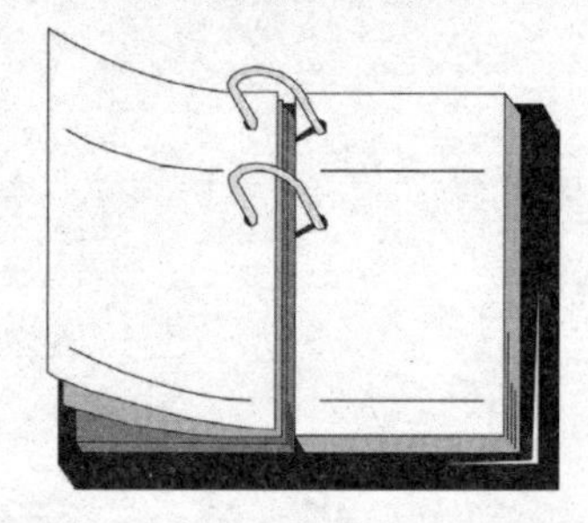

363. 三个孩子

一家有甲、乙、丙 3 个孩子，其中甲和乙的年龄差 3 岁，乙和丙的年龄差两岁，并且甲不是长子。那么这三个孩子年龄的排列应该是怎样的呢？

364. 还钱

有甲、乙、丙、丁四人，他们相互认识，甲向乙借了10元钱，乙向丙借了20元，丙向丁借了30元，丁向甲借了40元。有一次，4个人在路上相遇了，他们决定借这个机会把钱还清，并且想在动用最少钱以及钱移动的次数也最少的情况下结算，请问他们应该如何还钱？

365. 羊的数量

欢欢和露露家都养了羊。这天，欢欢跟露露商量放学后一起放羊。放学后，欢欢先带着一群羊出发了，露露因为临时有事，所以后来赶了上来。露露抱着一只羊追上欢欢，对欢欢说：“你这群羊有100只吗？”欢欢想了想回答说：“如果再有这么一群羊，再加半群，又加上1/4群，再把你的一只羊加进来，就凑满100只了。”

那么你知道欢欢原来有多少只羊吗？

366. 粮食问题

9个农民在一个深山中迷了路，他们身上带的粮食只够吃5天。第二天，这9人又遇到了另外一队迷路的人，两队人合在了一起，同吃这些粮食，只够吃3天。问：第二队迷路的人有多少？

367. 鸡和鸭的数量

一个小孩赶着一群鸡和鸭在路上走，一个人从此路过看见了他，就好奇地问他鸡和鸭各有多少只。小孩想考考这个人，于是就说：把鸡的只数乘以鸭的只数，这个乘积放在镜子里照一下，得到的数正好是鸡的只数和鸭的只数的总和。过路人一听愣了，不知该从何下手。

亲爱的读者，你知道结果吗？

368. 诸葛田巧取银环

从前，有个财主叫贾善仁，他对长工非常刻薄、狠毒。长工们吃尽了苦头，谁也不愿再给他干活。贾善仁为了让长工们给他干活，绞尽脑汁。

诸葛田也是贾善仁的长工，他是个聪明机灵的人。这天，财主拿出7个连在一起的无缝银环，指了指这串亮闪闪的东西对长工们说："谁给我干活，每个月就可以从这串银环里拿走一个。但有个条件，干一个月后拿一个环，在这个环链上只能用斧头剁开一条缝。"

长工们都知道财主想以此来坑骗他们，所以都无动于衷。诸葛田转了转眼珠，然后对财主说他愿意，于是便和财主立下了字据。其他的长工们都摇头，说诸葛田让银子迷了心窍。

贾善仁露出得意的笑容，他想："字据上只写了'剁开一条缝'，你至多也就只能拿走一个环，剩下的六个环连在一起，你只能干瞪眼，就是拿不走哇，还得乖乖地给我白干六个月！"

然而七个月过后，诸葛田按照财主的要求把七个银环都取走了。

贾善仁眼睁睁地看着诸葛田把银环全都拿走了，气得发晕，却又没有一点办法。

亲爱的读者，你知道诸葛田是怎么做的吗？

369. 挂反的门牌

小丽家的门牌号是一个从左到右、用阿拉伯数字写的四位数字。一天，门牌掉了下来，小丽重新挂上去的时候却把它挂反了。当她意识到错误，正准备挂正的时候，突然发现被她挂反的门牌号仍然是一个四位的阿拉伯数字，但是比原来的数字多了7875。请问：小丽家的门牌号是多少？

370. 刘小姐的表

刘小姐在商场买了一块表，表的款式非常新颖，刘小姐非常喜欢它。可是用了没多久，有人告诉她，这块表有毛病——它的时针和分针要65分钟才重合一次。刘小姐对此非常恼火，决定去商场理论。

你说，这表有毛病吗？是快还是慢？

371. 试验顺序

有一个班要分批进实验室做试验，规定每次只能进四个人，而且，每个女生旁边必须至少有另外一个女生。那么，你知道这种排法共有多少种吗？

372. 放乒乓球

桌上有4种不同颜色的乒乓球，现在要把这些球放入4个不同的盒子里，请问：有多少种放法？

373. 王子与公主

一位以智慧著称的王子向一位美丽的公主求婚。公主并没有马上答应他，而是想先考考他的智慧，于是让仆人端来两个盆，其中一个装着

10 枚金币，另一个装着 10 枚同样大小的银币。然后仆人把王子的眼睛蒙上，并随意调换两个盆的位置，请王子随意选一个盆，从里面挑选出 1 枚硬币。如果选中的是金币，公主就嫁给他；如果选中的是银币，那么王子就再也没有机会了。王子听了以后，说：“那能不能在蒙上眼睛之前，任意调换盆里的硬币组合呢？”公主答应了他的要求。

请问：王子该怎么调换盆里的硬币组合才能确保他的胜率要高些？

374. 摸黑装信

萍萍有 4 位笔友，她经常用书信与她们交流。

有一天晚上，萍萍分别给 4 位笔友写信。她刚写好信正准备分装的时候，突然停电了。萍萍摸黑把信纸装进信封里，因为要赶着明天寄出去。爸爸说她这样摸黑装信一定会出错，萍萍却不以为然，她说最多只有一封信会装错。

你觉得萍萍说得正确吗？

375. 贴错的标签

有三个盒子，外形完全相同，每个盒子里都放着两个球。其中一个盒子里是两个白球，一个盒子里是两个黑球，一个盒子里是一个白球和一个黑球。盒子外面都贴着一张标签，标明“白白””黑黑”“白黑”。但由于贴标签的人一时大意，每个盒子的标签都贴错了。

问：从哪个盒子中任意取出一个球，就可以区分每个盒子里装的是什么球？

376. 分葡萄

现在有一串葡萄，总共有 100 颗，要求分放在 12 个盘子里，并且每个盘子里的数字中必须有一个“3”。请你好好想一想，该怎么分。

377. 拔河比赛

甲、乙、丙、丁四个小组进行了一次拔河比赛。比赛结果是：当甲、乙两组为一方，丙、丁两组为另一方的时候，双方势均力敌，不相上下。但当甲组与丙组对调以后，甲、丁一方不费吹灰之力就打败了乙、丙一方。

然而，乙组的学生并不气馁，他们自己同甲、丙两组分别较量，结果都胜了。

请问：甲、乙、丙、丁四个小组中，哪组力气最大，哪组第二，哪组第三，哪组最小？

378. 扩招

有一所重点高中，每年级有 300 名学生，共 900 名。该校制定了一个比现有 900 名学生翻一番的扩大招生计划，决定从明年新生入学开始，每年招生要比前一年多 100 名。已知每年的毕业生一个也不少，请问几年后才能完成这个扩大招生计划呢？

379. 小明沏茶

一天，小明家来了客人，爸爸安排小明给客人烧水沏茶。洗水壶并冲水要用 2 分钟，烧开水要用 12 分钟，洗茶壶要用 2 分钟，洗茶杯要用 3 分钟，拿茶叶要用 2 分钟。小明粗略算了一下，要完成这些工作需用 21 分钟。为了让客人早点喝上茶，按最合理的安排，要用多长时间才能沏茶？

380. 钓鱼

一位神枪手跟朋友一起去钓鱼，由于运气不佳，钓了半天也没钓上。他见鱼在清澈的湖水中游着，于是干脆丢掉钓竿，拿起枪对准水中的鱼射击。谁知他一连射了好几枪，却连一条鱼也没打中。你知道这是为什么吗？

381. 小朱的风铃

小朱是一个心灵手巧的孩子，她最喜欢做的就是风铃。这一天，她折了 6 朵风铃花，用一根 1 米长的绳子每隔 0.2 米拴 1 个正好。现在她由于疏忽大意用剪刀剪坏了一个，重新折的话又没有多余的塑料膜了。现在还要求 0.2 米拴 1 个，绳子不能剩。请问：小朱该怎么拴？

382. 找错误

娟娟在一个超市里做收银员。有一天，她在晚上下班前查账的时候，发现现金比账面少 153 元。她知道实际收的钱是不会错的，只能是记账时有一个数字点错了小数点。那么，她如何从那么多笔账中找到这个错数呢？

383. 白鹅和羊

一位老人赶着一群羊和白鹅往集市上走，已知白鹅和羊有 44 只，它们共有 100 条腿。请问：白鹅和羊各有几只？

384. 带来的钱

妈妈带着两个儿子到新华书店买书。到了书店后，妈妈问哥哥："你身上带了多少钱？"哥哥说："我和弟弟一共带了240元。如果弟弟给我5元，那么我的钱数就比弟弟的钱数多一倍了。"妈妈又问弟弟："你带了多少钱呢？"弟弟回答说："如果哥哥给我35元钱，那么我的钱数就和哥哥的一样多了。"妈妈听了以后，还是弄不清他们身上到底带了多少钱。那么你知道哥哥和弟弟各带了多少钱吗？

385. 放硬币

小文和小霞准备玩一个游戏。他们拿来了一张纸，1分硬币若干枚。游戏规则是：2人轮流把硬币放在纸上，每人每次只能放一枚；放在桌上的硬币不能重叠；最后在纸上无处可放者为负。

为了保证最后取得胜利，你知道怎么放吗？

386. 车站的钟声

约翰家住在火车站附近，他每天都可以根据车站大楼的钟声起床。车站大楼的钟每敲响一下，延时3秒，间隔1秒后再敲第二下。假如从第一下钟声响起，约翰就醒了，到约翰确切判断出已是清晨6点，那么这之间前后共经过了几秒钟？

387. 牧场的牛

牧场上有一片青草，每天生长的速度都一样。这片青草供给10头牛吃，可以吃22天；或者供给16头牛吃，可以吃10天。如果供给25头牛吃，可以吃几天？

388. 兄弟分银

10个兄弟分100两银子，从小到大，每两人相差的数量都一样。又知第八个兄弟分到6两银子，那么每两个人相差的银子是多少？

389. 心算题

老师给小敏出了一道心算题：

1000 加上 30，再加 1000，再加 10，再加 1000，再加 20，再加 1000，最后再加 40。

要求只可以进行心算，不准使用笔、纸或计算器，而且必须在 4 秒钟内说出答案。

小敏不假思索就给出了答案：5000。

亲爱的读者，你算出来了吗？

390. 青蛙和松鼠的比赛

夏日的森林充满了生机和活力。松鼠闲来无事，于是找到了青蛙，想和它进行一场跳跃比赛，青蛙同意了。比赛规则是它们各跳 100 米后再返回出发点。松鼠一次跳 3 米，青蛙一次只能跳 2 米，但松鼠跳 2 次的时间青蛙能跳 3 次。

那么你来预测一下，在这次比赛中谁将获胜？

391. 三种颜色的球

桌上放着 130 个球，按 1 个红球、2 个白球、3 个黄球的顺序排列，那么你知道最后一个球是什么颜色的吗？三种颜色的球各有多少个？

392. 电话号码

某市开通了号码是 7 位数的程控电话，前三位号码是 623 或 625。问：这个城市电话号码不出现重复数字的电话有多少部？

393. 合适的位置

有一个中尉在训练时无意中听到了这么一个消息：将军要从 36 个表现突出的中尉中提升 6 个人为上尉，但是将军都很看好这 36 个人，并不会有意偏袒谁，所以决定让 36 个人站成一个圆圈，然后从第一人报数，从一数到十，报十的人就是能升职的人。这个中尉正好有 5 个好朋友在名单之中，为了能让自己和 5 个朋友都能升为上尉，他和他的好朋友应该站在什么位置？

394. 锄草人

一个富翁有两块草地，他雇了一些人来替他锄草。大的一块比小的一块大一倍，上午全部人都在大的一块草地锄草。下午一半人仍留在大草地上，到傍晚时把草锄完。另一半人去锄小草地的草，到傍晚还剩下一块，这一块由一个锄草人再用一天时间刚好割完。问：这组锄草人共有多少人？

395. 不同金额

王红钱包中共有人民币 14 元 8 角，其中 5 元纸币 2 张，1 元纸币 4 张，1 角、2 角、5 角纸币各有 1 张。在不用商店找钱的情况下，王红用钱包中的这些人民币任意付款，可以付出多少种不同金额的款？

396. 彩色灯泡

圣诞节即将来临，某大商场为增添节日气氛，吸引顾客眼球，就在门口放了一棵圣诞树，树上挂了一排彩色灯泡。这样一来，彩灯一闪一闪的，看上去的确非常喜庆，商场的生意也好了许多。商场经理非常高兴，他想考考自己的员工，于是指着彩灯说：“我们的彩灯是按“三红四黄五绿”的次序排列的，那么你们知道第 54 只灯泡是什么颜色的吗？第 158 只呢？

397. 滚来的乒乓球

有一个凹槽，深 2 米，其大小只能通过一个乒乓球。现在凹槽的两端各滚来了一个乒乓球 1、2，为了交错通过，凹槽壁上恰好有一个乒乓球大小的凹洞。可是很不凑巧，那个洞里居然还有一个乒乓球 3，那么怎么样让乒乓球 1、2 顺着它原来的方向到达终点呢？

398. 三年内的星期天

1903 年 10 月，在美国纽约的一次数学学术会议上，科尔教授做学术报告。他默默地走到黑板前，用粉笔写出 267-1，这个数是合数而不是质数。接着他又写出两组数字，用竖式连乘，两种计算结果相同。回到座位上，全场听众向他报以热烈的掌声。两百年来，人们一直怀疑 267–1 是质数，而科尔教授却证明了 267–1 是个合数。

有人问他论证这个问题用了多长时间，他说："三年内的全部星期天。"

亲爱的读者，你能用最快的速度回答出他至少用了多少天吗？

399. 青蛙王子和青蛙公主

森林旁边有一个大池塘，池塘的周围是 10 块等距离排列的露出水面的石头（如图所示）。青蛙公主和青蛙王子蹲在相邻的两块石头上。青蛙王子看上了青蛙公主，他希望自己能和她蹲在同一块石头上。王子一次能蹦过两块石头，落在第三块石头上，公主一次只能蹦过一块石头，落在第二块石头上。假设他们同时起跳，并且只能始终按一个方向蹦跳，而青蛙公主的蹦跳方向是逆时针，那么，为了尽快地和青蛙公主跳到同一块石头上，王子应该选择顺时针还是逆时针方向蹦跳？

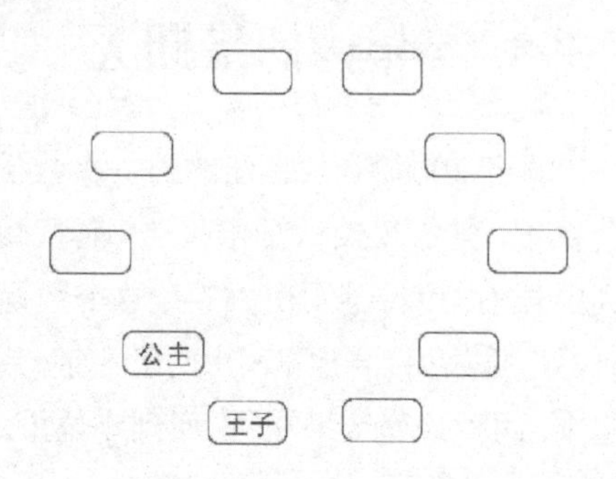

400. 爬楼梯

一栋大厦有 10 层，黄先生要到大厦的 8 楼，可是很不巧停了电，所以没办法搭乘电梯。黄先生只能爬楼梯上楼。已知他从 1 楼爬到 4 楼需要 48 秒，那么请问他从 4 楼爬到 8 楼需要多少时间？（假设爬每层楼所需的时间相同）

401. 代数和的奇偶性

在 1、2、3……1992 前面任意添上一个正号和负号，它们的代数和是奇数还是偶数？

402. 小兔的萝卜

小兔有 4 个盘子，其中一个盘子里有 3 根萝卜，另外一个盘子里有 1 根萝卜，还有两个盘子没有萝卜。小兔尽力克制住自己想吃的欲望，把萝卜集中到一个盘子里一起吃，但是它每次只会从两个盘子里分别拿出一根萝卜放到第三个盘子里。

请问：小兔要搬运几次，才能把所有萝卜都集中到一个盘子里面？

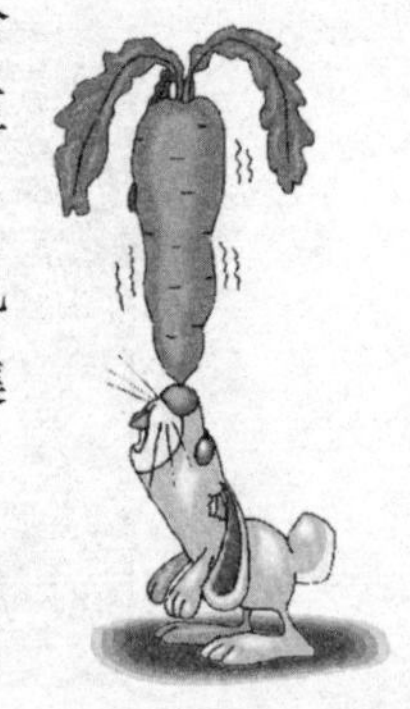

403. 出价

甲、乙两人各出5000元买下了一张售价1万元的彩票。这两人决定互相拍卖这张彩票。两人各把自己的出价写在纸条上，然后给对方看。出价高就能拥有这张彩票，但要按对方的出价付给对方钱。如两人的出价相同，则两人平分这张彩票权。那么怎样出价最为有利？

404. 计票

英语系正在推选学习部长，候选人是杨海和王艳，有标号为1~8的8个计票处，每个计票处的结果如下表所示。

从表中我们可以看出，杨海以多7票的优势当选。可是，有一个计票处把2人的票数弄反了，如果改正过来，结果就变成王艳以27票的优势胜出。

那么，你知道错误出在哪个计票处吗？

计票处	王艳的选票	杨海的选票
1	132	65
2	83	90
3	25	40
4	110	144
5	129	146
6	97	108
7	141	113
8	71	89
总计	788	795

405. 差错出在哪儿

两个农夫挑着苹果去集市卖。A的卖价是3个要卖100日元（品质稍次）；B是2个要卖100日元（品质稍好）。当两人正好各剩下30个的时候，因为有事要离开货摊，就委托C替他们卖。他们走后，C就把他们二人的苹果都合起来，分堆卖。每堆好苹果2个，次苹果3个（共5个），卖200日元。两个人的苹果合起来共剩60个，12堆，共卖2400日元。

卖完后，A、B回来了。A说：我的3个卖100日元，30个就该卖1000日元。B说：我的2个卖100日元，30个就该卖1500日元。A、B合起来应该是2500日元。但C却只卖得2400日元，少了100日元，请问C的差错出在哪儿？

406. 黄强的错误

有这样一个问题：

拿两个五分硬币往下扔，会出现几种情况呢？

黄强的解答是：

情况只有三种：可能两个都是正面，可能一个是正面，一个是背面，也可能两个都是背面。因此，两个都出现正面的概率是1∶3。

请你仔细想想，黄强错在哪里？

407. 黄金的纯度

黄金的24k是指100%的纯金，所以12k

黄金的纯度为50%，18k是75%。当你在珠宝店买金制品的时候，上面的纯度记号是：375表示9k，583表示14k，750表示18k。那么你知道946表示多少k吗？

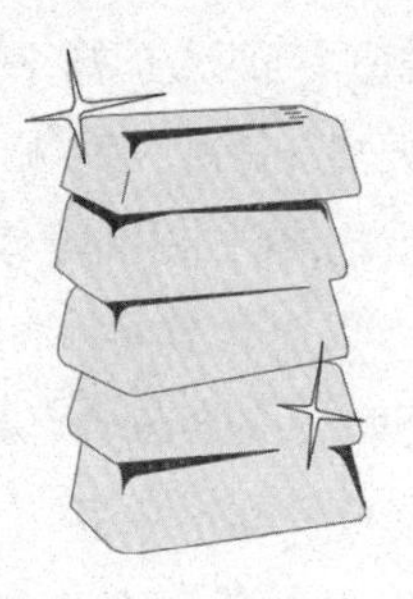

408. 猜扑克牌

甲和乙一起玩扑克牌。甲手上拿了13张牌，其中黑桃、红心、梅花、方块这四种图案的牌都至少有一张。不过，每种图案的张数各不相同。黑桃和红心共6张，黑桃和方块共5张。请问：甲先生手中有两张同一种花色的扑克牌，这两张牌是什么花色的？

409. 化缘的小和尚

在一座深山的山顶上有一座庙，从山上的庙到山脚下只有一条路，每周一早上8点，庙里的一个小和尚会去山下化缘，周二早上8点从山脚回山上的庙里，小和尚上下山的速度是任意的，在每个往返过程中，他总是能在周一和周二的同一时刻到达山路上的同一点。比如，有一次他发现星期一的8点30和星期二的8点30他都到了山路靠山脚$\frac{3}{4}$的地方。请问：这是什么原因？

410. 移动火柴游戏

在桌子上放三堆火柴，共24根，第一堆是11根，第二堆是7根，第三堆是6根。现在需要移动火柴，使三堆火柴的根数相同，即每堆8根。

现在的规定是：把火柴从一堆移到另一堆时，取出的火柴根数应当与要放到那一堆的火柴根数相同。例如，有一堆是6根，放到这堆上的火柴也应该是6根；如果这堆火柴是4根，那么放上去的火柴也应该是4根。规定三步完成。

411. 取苹果

一只大筐里放着若干个苹果，分为三个等级，从这只箱子里至少要取出几个苹果（取的时候不看苹果），才能使取出的苹果中：(1)同一等级的至少有两个。(2)同一等级的至少有3个？

412. 黄雀和知更鸟

夏令营结束的那天，同学们决定放飞捉来的鸟。一共有20个鸟笼，每一个笼子关了一只小鸟。老师建议，把鸟笼排成一排，从左至右数1、2、3、4、5，每次数到5的鸟笼就打开笼门放鸟，数到排尾后再接排头数，已经打开的鸟笼就不再数了。一直数到最后剩两个鸟笼为止，这两个鸟笼里的鸟可以带回去。同学们都赞成老师的建议。小军和小威希望能把一只黄雀和一只知更鸟带回去。那么请问，关黄雀和知更鸟的那两个笼子，应该放在什么位置上呢？

413. 聪明的小弟弟

家里有24个苹果，分给了兄弟三人，并且每个人分到的苹果个数是自己三年前的年龄。最小的弟弟非常聪明，他提议要用下面的方法与两个哥哥交换苹果。他说："我拿分给我的苹果的一半，平均分给大哥和二哥。然后二哥也同样拿出自己的一半（包括弟弟分给他的），平均分给我和大哥。最后大哥同样也拿出自己的一半（包括别人分给他的），平均分给我和二哥。"两个哥哥都十分信任自己的弟弟，所以就同意了他的这个提议。但是，这样分的结果，兄弟三人得到的苹果个数都相同。问：他们三兄弟的岁数各是多少？

414. 怎样分装盘子

有一个聪明人，把1000个盘子分装在10只箱子里。他分装得十分巧妙，无论你要向他借多少个（1000以内）盘子，他总是拿几个箱子给你，从来不会将箱子打开来数，而这几个箱子里的盘子，正好跟你要借的数目一样多。你知道他是怎么分装的吗？

415. 谁先拾到救生圈

两艘轮船同时离开码头。甲船顺水航行，乙船逆水航行。两艘轮船的速度相同。在启航时，从甲船上丢下一个救生圈，随水漂移。在离开码头正好1小时的时候，两艘船同时都收到用无线电发来的命令，要它们马上改变航行的方向，即原来顺流航行的船改为逆流航行，原来逆流航行的改为顺流航行，去打捞在启航时甲船丢下的随水漂移的救生圈。你知道这个救生圈会先被哪一只船拾起吗？

416. 飞行的飞机

一架飞机从甲地沿直线飞往乙地，然后从乙地沿原航线返回甲地。飞机在飞行的过程中，没有风速，且飞机的速度保持不变。如果在整个航程中有一定量的不变风速从甲地刮向乙地，而其他的条件保持不变，那么，这架飞机往返航程所需要的时间和原来无风速时相比，情况会怎样?

417. 植树苗

某学校学生去郊外植树。辅导员给一小队十六株树苗、二小队十二株树苗、三小队十株树苗，要求他们分别植成十行、六行、五行，每行要有四株，请问应当怎样植?

418. 乞讨者

有一位非常富有的商人，每星期都要对一些乞讨者进行施舍。一天，他暗示这些乞讨者，如果伸手要钱的人能减少5名，那么每人就可以多得2美元。于是每个人都尽力劝说别人走开。然而，在下一次碰头时，人数不但没有减少，还新来了4个乞讨者。结果，他们每人都少拿了1美元。假定这位商人每星期都布施同样数量的金钱，你能否猜出这笔钱有多少?乞讨者原有多少个?

419. 两只手表

小明在同一时间开了两只手表，后来发现有一只手表每小时要慢2分钟，而另一只手表每小时要快1分钟。过了一段时间小明再去看表时，发现走得快的那一只表要比走得慢的那只表整整超前了1小时。请问：手表已经走了多少时间?

420. 名次与分数

A、B、C、D、E五名学生参加乒乓球比赛，每两个人都要赛一盘，并且只赛一盘。规定胜者得2分，负者得0分。现在知道比赛结果是：A和B并列第一名，C是第三名，D和E并列第四名。那么C得了多少分?

421. 拿棋子

暑假的一天，小红做完作业后，就去找爸爸下跳棋。打开装棋子的盒子前，爸爸忽然用大手捂着盒子对小红说：“爸爸想出道题考考你。”小红毫不犹豫地说：“行，您出吧！”爸爸微笑着说道：“这盒跳棋有红、绿、蓝色棋子各15个，你闭着眼睛往外拿，每次只能拿1个棋子，那你至少拿几次才能保证拿出的棋子中有3个是同一颜色的?”聪明的小红想了想，很快就将答案说了出来。

亲爱的读者，你知道这道题的答案吗?

422. 从甲地走到乙地

甲、乙两地相距 300 公里，在这一段路中间里没有饭店。小刚吃饱后可走 100 公里，并且他一次最多可带 4 个盒饭，它们又可以使他再走 100 公里。如果在甲、乙两地之间不再建饭馆，请问小刚能不能从甲地走到乙地？

423. 棋盘上的麦子

古时候，印度有个国王爱玩，经常要大臣们为他想一些新奇的玩法，谁发明的玩具有意思，国王就会给他奖赏。

一次，一个聪明的大臣发明了一种棋。这种棋变幻无穷，国王久玩不厌。国王十分高兴，要大赏那个大臣，便对他说："你想要什么奖赏，我都可以满足你。"

那个大臣没有要金银珠宝之类的，也没有要城堡土地。他对国王说："我只要一些麦粒。"

"麦粒？哈！"国王觉得好笑，"你要多少呢？"

"国王陛下，你在第一个方格棋盘上放一粒，第二个放 2 粒，第三个放 4 粒，第四个放 8 粒……照这样放下去，每格比前一格多放一倍，把 64 个格的棋盘放满就行了。"

国王想：这能放多少呢？最多几百斤吧，小意思！就对粮食大臣说："你去拿几麻袋的麦子，赏给他吧。"

粮食大臣计算出棋盘上应该放多少麦粒后，大惊失色。

请问：64 个格棋盘放满后有多少粮食呢？

424. 亮亮的手表

亮亮买了一只机械手表，每小时比家里的闹钟快 30 秒，可是家里的闹钟每小时比标准时间慢 30 秒。那么亮亮的手表准不准？

如果在早上 8 点钟的时候，手表和闹钟都对准了标准时间，那么到了中午 12 点的时候，手表的时间是多少？

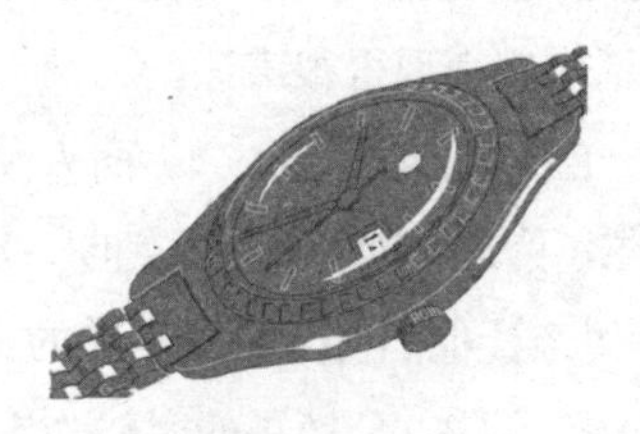

425. 老鼠的繁殖

正月里，鼠爸爸和鼠妈妈生了 12 只小老鼠，这样鼠爸爸和鼠妈妈加上它们的孩子总共有 14 只。

这些小老鼠到 2 月里，也当爸爸妈妈了。它们每一对又各生了 12 只老鼠，小老鼠一共是 6 对，和它们的爸爸妈妈合起来一共有 84 只，这样这一家就有 98 只老鼠了。

这样一直繁殖下去，每一对都生 12 只小老鼠。那么 12 个月将会有多少只老鼠呢？

426. 装橘子

爸爸让小威帮忙把橘子分装在篮子里。爸爸给了他 100 个橘子，要求分装在 6 个篮子里，每个篮子里所装的橘子数都要含有数字 6，你知道小威是怎么分装的吗？

427. 分花生

从前，有位富裕的商人，他有三个儿子。为了让他们养成良好的品质，他常常教育儿子们要学习孔融，懂礼貌，懂得谦让。三个儿子也很听话，生活中都表现得很谦让。

有一年秋天，庄稼丰收了。商人从新收的花生中数出了 770 颗拿给儿子们吃。儿子们非常高兴。父亲让他们自己根据年龄的大小按比例进行分配。以往，分糖果的时候，当二哥拿 4 颗糖果的时候，大哥拿 3 颗；当二哥得到 6 颗的时候，小弟弟可以拿 7 颗。那么，如果还这样分花生的话，你知道每个孩子可以分到多少颗花生吗？

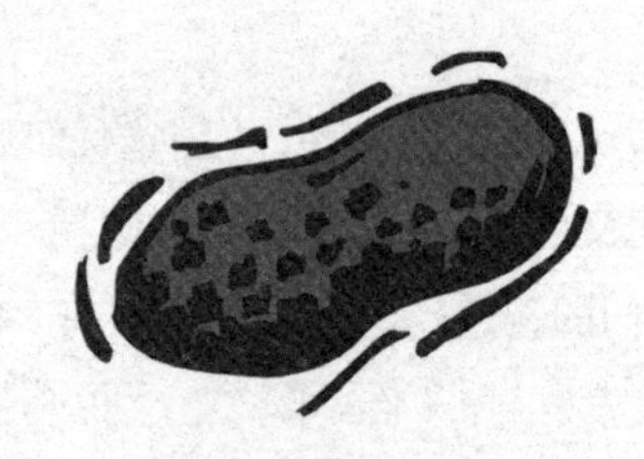

428. 比枪法

从前，有三个喜欢射击的兄弟，他们平时特别喜欢去射击场比赛射击。时间一长，他们中百发百中的那个人被大家称为“枪神”，而其中 3 枪能命中 2 枪的人被称为“枪圣”。三个人中，枪法最差的是汤姆，一般只能保证 3 枪命中 1 枪。

邻居家有个聪明可爱的女孩，他们三人同时喜欢上了她。但是现在女孩很为难，因为三个兄弟在她眼里都一样优秀，她不知道该怎么办。三个兄弟中的老大说：“我觉得这样下去对我们都没什么好处，让我们来一场决斗吧，胜了的人可以娶那个美丽的女孩。”另外两个兄弟都同意这么做。于是三个人来到了射击场。

决斗开始了，三个兄弟站着的位置正好构成了一个三角形。现在 3 人要轮流射击，汤姆先开枪，“枪神”最后开枪。那么，如果你是汤姆，怎样做才能胜算最大呢？

429. 分苹果

学校开展社会实践活动，老师带领同学们到附近果园采摘苹果，最后满载而归。但后来分苹果的时候才发现很难把苹果平均分给大家，于是老师结合这个问题给大家出了个题目：

一筐苹果，如果分成 10 个一袋，有一袋只有 9 个；如果分成 9 个一袋，有一袋只能有 8 个；分成 8 个一袋，结果又多了 7 个；分成 7 个一袋，多出 6 个；分成 6 个一袋，多出 5 个……不管怎样分配，总是不能均匀分配。请问：你有什么办法能将这些苹果均匀分配？

大家想了很久，还是想不出来，后来老师只拿走了一个苹果，结果就分均匀了。

但同学们还是一头雾水，这些苹果到底有多少个呢？为什么拿走一个就可以均匀分配了呢？

430. 农夫分油

从前，有个勤劳的老夫，他种了一些花生。到了秋天，花生获得了丰收。他把花生一半储存起来，一半磨成了花生油。

这天，风和日丽，农夫用一个大桶装了12千克油到市场上去卖。到了市场上，农夫摆好牌子，等着顾客来买他的油。这时，两个主妇分别带了5千克和9千克的两个小桶来买油。她们一胖一瘦。农夫突然发现他没有带称油的秤，但他还是卖给了两个主妇6千克的油，而且胖的家庭主妇买了1千克，瘦的家庭主妇买了5千克。你知道农夫是怎样给她们分的吗？

431. 盗墓者被抓

有个盗墓手段很高明的盗墓者，他有25个手下，盗墓经验都非常丰富。警察追踪他们多年，但一直没有收获。

一天，有人报案说古墓中的埃及法老壁画不见了。警长立刻带人对现场进行勘查，根据做案手法，他们判断就是他们追踪多年的那个盗墓团伙所盗。正当警方研究抓捕方案时，盗墓者突然前来自首了。他称他偷来的100块法老壁画被他的25个手下偷走了。这些人中最多的偷了9块，最少的偷了1块。而这25人各自偷了多少块壁画，他说自己也不是很清楚，但有一点是肯定的，他们都偷走了单数块壁画，没人偷走双数块的。他为警方提供了那25个人的名字，条件是不能判他的刑。警长答应了他的要求。但当天下午，警长就下令逮捕自首的盗墓者。这是为什么呢？

432. 老人分水

某地区水资源极度匮乏，因此当地人用水都非常节约。一天，一个老人拿出了一只装满8斤水的水瓶，另外还有两个瓶子，一个装满刚好是5斤，一个装满是3斤。老人用这两个水瓶作为量器，把8斤水平分为两个4斤，应该如何分呢？

433. 同一个属相

“十二生肖”是指代表十二地支且用来记人的出生年的十二种动物，即鼠、牛、虎、兔、龙、蛇、马、羊、猴、鸡、狗、猪。如子年出生的人属鼠，丑年出生的人属牛。生肖又叫属相。

假设每个人的出生在各属相上的几率相等，那么至少要在几个人以上的群体中，其中有两个人出生在同一个属相上的几率，要高于每个人的属相都不同的几率？你能算出来吗？

434. 安排劳动力

某运输公司负责为各个施工工地运送建筑材料。早上接到一家建筑公司的送货要求，让运输公司送一批石子到工地上。运输公司派10名工人，用2辆自动卸货汽车运送这批石子。

开工前，他们讨论怎样合理高效地安排劳动力。有人建议把10个人分成两组，每5个人装一车；还有人主张10个人一起装车，装好第一辆后再装第二辆。

你认为哪种方法更好?

435. 店老板的难题

小林和小花是一对非常要好的朋友，他们常常一起去街道的商店买东西。

一个周末的下午，小林和小花准备一起去买牛奶。他们来到一家商店，商店老板很热情地招待了他们。小林带来一个容量是 5 升的装牛奶的瓶子，而小花带来的是容量 4 升的装牛奶的瓶子，但她只想买 3 升牛奶。恰巧今天商店老板的电子秤坏了，他只有一个容量是 30 升的圆柱形的牛奶桶，已经卖给客人 8 升了。他应该怎么做才能使这两个顾客得到各自想要的重量，而且又能使牛奶不溢出容器呢？老板感到很难办，牛奶很新鲜，如果今天不卖出去就不新鲜了，该怎么办呢？如果你是老板你会怎么做呢？

436. 酒精和水

从这一学期开始，小明开始学习化学了。化学中的计算题大部分是关于混合溶液的计算。小明感到很伤脑筋，但还是决心学好化学。

每天放学后，小明都要抽出一定的时间学习化学，他专门找关于混合溶液的计算题做。但是只写在书本上的东西是不容易弄明白的，小明仍然是一头雾水，很是苦恼。爸爸了解了这一情况后，准备给小明现场操作一道题，以增加他的信心。爸爸拿来同样大小的两个瓶子，一瓶装着酒精，一瓶装着水，两个瓶子里的液体一样多。小明的爸爸把第一个瓶子的酒精倒入杯中，倒满。然后再把杯子中的酒倒入第二个瓶子中，搅匀。然后再从第二个瓶子中倒出一杯混合后的溶液，倒回第一个瓶子。爸爸问小明：“这时是酒精中的水多，还是水中的酒精多？”小明思考了很长时间，终于明白了，你知道小明是怎么计算的吗？

437. 交友舞会

有一对夫妇组织了一次交友舞会，前来参加这次舞会的有 30 位客人，加上男女主人一共 32 人。

在整场舞会中，有人发现参与者如果随意组成舞伴（总共有 16 对），那么，无论怎样分配，总能保证每对舞伴中，至少有一位是女性。

那么在这次舞会上，男性有多少人呢？

438. 分中药

有一堆中药，总共 20 公斤，准备分成 10 包，每包 2 公斤，但是手中的工具只有一架天平和 5 公斤、9 公斤两个砝码，怎样才能用简便的方法将中药均匀分成 10 份？

439. 巧取药粉

在化学实验课上，同学们需要从一瓶 70 克的药粉中取出 5 克来做实验。而化学老师想考考同学们，于是只给他们一架天平和一只 20 克的砝码。你知道该怎样取得适量的药粉吗？

440. 杰米的儿子

一个阳光明媚的午后，杰米和吉米各自带着他们的一个儿子去钓鱼。他们每个人的兴致都很高，准备进行一场钓鱼比赛。

经过一天的比赛，结果出来了：杰米钓的鱼条数的个位数字是 2，他儿子钓的鱼条数的个位数字是 3；吉米钓的鱼条数的个位数字也是 3，他的儿子所钓的鱼条数的个位数字是 4。而他们所钓鱼的和是某个数的平方。你能够根据上面提供的信息，判断出杰米的儿子是谁吗？

441. 外星人的手指

爸爸为了锻炼儿子小辉的思维，就给他出了一道百科全书上的趣味思维题。假设一群外星人来到了我们生活的地球上，他们和地球人长得非常相似，但有一点区别，就是他们的手和地球人不一样。已知每个外星人的每一只手上，都有不止一个手指，但他们每个人的手指总数一致；又已知任意一个外星人每只手上的手指数量也不相同。现在如果告诉你房间里外星人的手指总数，你就可以知道外星人一共有几个了。

假设这个房间里外星人的手指总数在 200~300 之间，请问房间里共有多少外星人？

442. 妙招数人

某公司招聘了一百名员工，加上中层管理人员八人，总共有 108 人。总经理规定：每天早晨由人事经理清点员工人数，并带领大家做早操。

人事经理是个很精明的人，他觉得每天一个个去数人数是很麻烦的事情，于是他想到一个好办法：每天早上他让大家先排好队，然后让大家改变两次队形，就知道有多少人了。开始时，大家都主动排成 3 行，这时队尾会多出 2 人；然后他又要求大家把队列改成 5 行，这时队尾仍然会余出 2 人；最后他要求大家把队列改成 7 行，如果发现仍余 2 人，他就会知道人数齐了，可以做早操了。这样既方便又快捷。那么，他是怎么考虑的呢？

443. 豆豆和小小

豆豆和小小在院子里玩猜拳的游戏，谁赢了就往前走一步。在他们面前的地上有一条直线，谁先走到谁跟前，谁就胜利了。

住在他们院子里有一个受人尊敬的老教师，他现在已经退休了。当他看见豆豆和小小在做游戏，也过来凑热闹。听完豆豆和小小的介绍，老教师笑了起来，他说豆豆和小小是永远不会真正走到一起的。你知道这是为什么吗？

444. 霞霞的奶糖

霞霞是个非常喜欢吃奶糖的小朋友，爸爸妈妈为了保护霞霞的牙齿，规定她只准每天吃一颗奶糖，而霞霞却不同意这样做，她想每天吃两颗，而且一直缠着爸爸妈妈要。于是，霞霞的爸爸妈妈给了霞霞 10 枚硬币，要求霞霞把这 10 枚硬币排列成“十”字的形状，而且不管是横着数还是竖着数，总数加起来都是 6 枚，如果霞霞能够完成这道题，爸爸妈妈就答应她的要求。霞霞想了好久，都不知道怎么排，你能帮她完成每天吃两颗奶糖的愿望吗？

445. 买邮票

这天，小军做完作业后，闲来无事，妈妈便派给他一任务，说：“我给你 9 元钱，你到邮局买些邮票回来，只要 3 毛、4 毛和 8 毛的这三种。但有一个要求，就是每种张数要一样多。”按照妈妈的要求，小军最多可以买回多少张邮票呢？

446. 过桥方案

学校组织夏令营活动，主题是进山探险。小露、鹏鹏、小宁、娟娟四个人都报了名。他们四人结为一组，在一个漆黑的夜晚，他们四个人走到了一座没有护拦的狭窄的桥边。按照地图，他们必须穿过这座桥才能继续探险。可是这座桥非常危险，没有手电筒根本过不了桥。但不巧的是，他们四个人只带了一只手电筒，而桥很窄只能容纳两个人同时通过。他们每人单独过桥的时间是 3 分钟、4 分钟、6 分钟和 9 分钟；而如果两人同时过桥，所需要的时间就是走得比较慢的那个人单独行走时所需要的时间。那么，为了在最短的时间过桥，这四个人要设计一个怎样的过桥方案呢？

447. 登台阶

周末，小强和小虎相约到公园玩耍。他们很快来到一个假山旁，登上了假山的台阶，并玩起了剪刀、石头、布的游戏，每次必须分出胜负。他俩规定：每次胜者上 5 个台阶，负者下 3 个台阶。小强、小虎二人同时在第 50 个台阶上开始玩，玩了 25 次后，小强的位置比小虎高 40 个台阶。那么请问，此时的小强和小虎各站在第几级台阶上？

448. 测时间

现在有 10 分钟和 7 分钟的沙漏计时器（翻转沙漏计时器的时间忽略不计）。如果用两个小计时器测量 18 分钟的时间，要怎么办呢？

449. 数学考试

一次数学考试只有 20 道题，做对一题加 5 分，做错一题倒扣 3 分。小王这次没考及格，不过她发现，只要她少错一道题就能及格。

那么请你根据上面提供的信息，判断小王做对了多少道题。

450. 盐水浓度

有一只杯子，容积为 100 毫升，现在杯中装满了浓度（质量 / 体积）为 80% 的盐水，从中取出 40 毫升盐水，再倒入清水，将杯盛满，这样反复三次。杯中盐水的浓度是多少？

451. 步行时间

老刘在乙市上班，但家住甲市，每个工作日，他都乘火车往返于甲、乙两市之间。每天下午五点，他都会准时在甲市火车站出口处出现，老刘的夫人驾着车在那儿等他，然后开车一起回家。一次，老刘的公司提前下班，下午四点他已经走出甲市火车站。于是他就自己沿着夫人来接他的路线步行回家。步行一段时间后，他遇到了开车来接他的夫人，然后坐上车一起回家，结果比以往早 10 分钟到家。

假设刘夫人的驾车速度不变，并且这天也是准时出发去接通常五点钟到火车站的丈夫。你能不能算出老刘在坐上汽车之前已经走了多久？

452. 古董商的钱币

有一位古董商从一农夫家里收购了两枚古钱币，后来又以每枚60元的价格出售了这两枚古钱币。其中的一枚赚了20%，另一枚赔了20%。请问：这位古董商在这笔交易中是赔还是赚？

453. 分钟和时钟

小明因为有事，在6点多一点出去了，这时分钟和时钟为110度角，在不到7点又回来了，此时分钟和时针刚好又成110度角。

请问：小明出去了多长时间？

454. 水桶里的水

有一个空水桶，深25米，每天从半夜零点起向这个水桶里灌水，一直灌到午后6点，在这18小时里，水上升到6米。在这以后，到夜间12点的6个小时内，水流出了2米，还剩下4米。这样，如以每天上升4米的速度增加下去，水从桶边最初溢出的时间是在第几天？

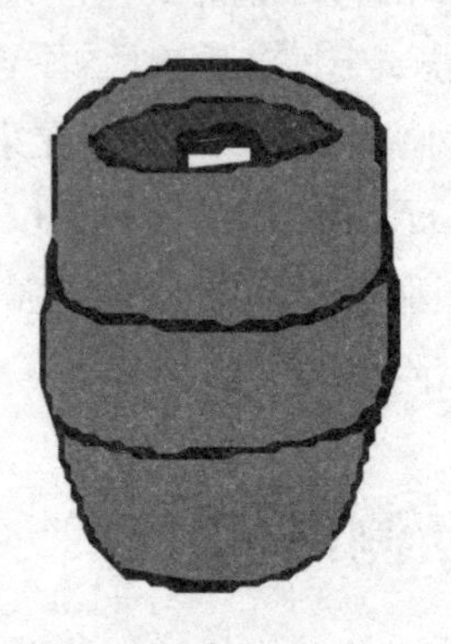

455. 硬币数量

小陈喜欢收藏硬币。他把1分、2分、5分的硬币分别放在5个一样的盒子里，并且每个盒子里所放的1分、2分、5分的硬币数量都相等。

小陈闲暇之余都会拿出来清点，把5盒硬币都倒在桌子上，分成4堆，每一堆的同种面值的硬币的数量都相等。然后把其中两堆混起来，又分成3堆，同样每一堆里的同种面值的硬币的数量相等。那么，根据上面提供的信息，你能判断出他至少有多少个1分、2分和5分的硬币吗？

456. 做数学题

新学期开学，数学课代表向罗老师汇报说：“我们四年级100个同学，在暑假里一共做了1600道数学题。”罗老师听了非常高兴，马上对他们进行了表扬。接着罗老师问课代表：“你知道这100个同学中，至少有几个人做的数学题一样多吗?”课代表想了又想,还是答不上来。

亲爱的读者,你能解答这个问题吗?

457. 长跑训练

学校的环形跑道长 400 米,小明在跑道上进行一项特殊的长跑练习。从上午 8 点 20 分开始,小明按逆时针方向出发,1 分钟后,小明掉头按顺时针方向跑,又过了 2 分钟,小明又掉头按逆时针方向跑。如此,按 1、2、3、4……分钟掉头往回跑。当小明按逆时针方向跑到起点,又恰好该往回跑时,他的练习正好停止。如果小明每分钟跑 120 米,那么他停止练习时是什么时间?他一共跑了多少米?

458. 铅笔的数量

小明和小华到商店买了一些铅笔,两人的铅笔合起来有 72 支。现在小华从自己所有的铅笔中,取出小明所有的支数送给小明;然后小明又从自己现在所有的铅笔中,取出小华现有的支数送给小华;接着小华又从自己现在所有的铅笔中,取出小明现在所有的支数送给小明。这时,小明手中的铅笔支数正好是小华手中铅笔支数的 8 倍,那么小明和小华最初各有多少支铅笔?

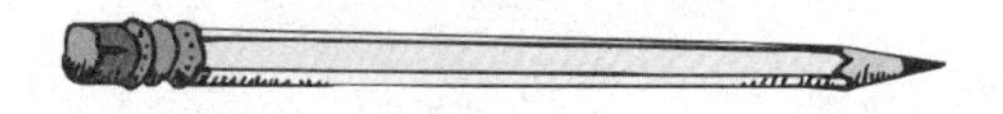

459. 白球黑球

桌上有甲、乙两个盒子,甲盒放有 P 个白球和 Q 个黑球,乙盒中放有足够的黑球。现在每次从甲盒中随意取出 2 个球放在外面。当被取出的 2 球颜色相同时,需再从乙盒中取一个黑球放回甲盒;当取出的 2 球颜色不同时,将取出的白球再放回甲盒。最后,甲盒中只剩两个球,剩下一白一黑有多大几率?

460. 最后一本

班里发了一张市博物馆的参观券,小辉和小敏都争着要去。老师犹豫不决,不知道该让谁去。于是,决定让他俩来一次智力竞赛,由胜者去参加。桌上有一叠作业本,老师就把这张入场券夹在最下面一本里面,对他俩说:“这是 54 本作业本,你俩轮流取,每次要取而且只能取 1 至 5 本,谁拿到最后一本,里面的这张券就给谁。”他俩努力地思索着,都不敢轻易下手。如果要你参加这样的竞赛,你准备怎样取?

461. 红铅笔与黑铅笔

一天，教数学的李老师给同学们做了一个数学游戏：

他先拿出三个铅笔盒子，将两支红铅笔放进一个盒子里，将一支红铅笔和一支黑铅笔放进另一个盒子里，将两支黑铅笔放进第三只盒子里，并且在每一个盒子的外面都贴上一张小纸片。装两支红的，就在纸片上写“红、红”，装一支红、一支黑的就写“红、黑”，装两支黑的，就写“黑、黑”。接着，李老师把身子转了过去，不让同学们看见，把三个盒子里的铅笔相互做了调整。然后他又转回身来，把三个关上盖子的铅笔盒子放在大家面前，说道：“现在三只铅笔盒子里每个仍然装有两支铅笔，但是没有一个是与纸片上的说明相符合的。你们能否选定其中的一只，将眼睛蒙住，从中摸出一支铅笔，看一下它的颜色，从而确定每一个铅笔盒子里装的两支铅笔分别是什么颜色？”

根据李老师的要求，你能确定三个铅笔盒子里分别装的是哪两种铅笔吗？

462. 粗心的钟表师傅

下午，老张家的一个时钟的针不小心被折断了。一位钟表师傅到老张家调换了针，这时正好六点，他就将长针拨到12，短针拨到6。

这位钟表师傅回到店铺，正准备吃饭，老张匆匆赶来，说：“你刚才修的钟还是有毛病。”等钟表师傅吃好晚饭，再一次来到老张家里时，已是8点多了。他看了看钟，又对了对表，禁不住眉头一皱：“你看，八点十分刚过，你的钟一分不差！”老张一看，感到非常奇怪，现在钟走得确实很准。

第二天早上，老张又找到了这位钟表师傅，当然还是因为钟有毛病！当钟表师傅第三次来到老张家里，拿出表来一对，七点多一点，并没有什么问题！

这时老张请这位钟表师傅坐下来，喝杯茶。工夫不大，钟表师傅就发现这个钟果然还有毛病。

亲爱的读者，你知道问题出在哪儿吗？

第五部分　玩转思维答案

358. 一次旅行

此人从 A 到 B 的平均速度为每小时 30 千米，而要想让全程的平均速度达到每小时 60 千米，也就是 30 千米的 2 倍，这样一来，他从 B 返回 A 的时候不能用时间，显然这是不可能的。所以，无论怎样也不能使全程的平均速度达到每小时 60 千米。

359. 两个空心球

将两个空心球加热到相同的温度，然后将它们一起放到质量相等的水里，测水的温度，比热容大的温度升得高，铅的比热容比金大，所以水温高的就是铅球。

360. 分金币

将这些球分为一堆 13 个，另一堆 10 个，然后将 10 个那一堆所有的金币翻转就可以了。

361. 分油

先将 13 斤的容器倒满，然后用 13 斤的把 5 斤的倒满，这时 13 斤中还剩 8 斤，即总油量的$\frac{1}{3}$，把这些油倒入 11 斤容器中。再用剩余的和 5 斤的将 13 斤的倒满，重新做一次就可以完成任务了。

362. 今天是星期几

你把题目中的那段话认真看一遍，就不难发现，两个假设是相对的，也就是说今天是星期天。

363. 三个孩子

答案有四种：乙>丙>甲，丙>乙>甲，甲>乙>丙（甲为女儿的情况不能忽视），甲>丙>乙。

364. 还钱

乙、丙、丁各拿出 10 元还给甲。

365. 羊的数量

假设欢欢原来有 A 只羊，那么根据欢欢所说，我们可以得出：$A+A+\frac{1}{2}A+\frac{1}{4}A+1=100$。由此算出，A=36。所以欢欢原来有 36 只羊。

366. 粮食问题

第一队碰到第二队时，第一队已经把 1 天的粮食吃完了，剩下的粮食只够第一队吃 4 天；但第二队加入之后只能吃三天，这也就是说第二队在 3 天里吃的粮食等于第一队 9 个人一天吃的粮食，由此我们可以推断出第二队有 3 个人。

367. 鸡和鸭的数量

镜子中照出的物体是和原物体左右相反的，而在阿拉伯数字中，除了 0 以外，只有 1 和 8 是符合条件的。所以知道它们的乘积是 81，而和就是 18，所以可以很快得出鸡和鸭都是 9 只。

368. 诸葛田巧取银环

转眼一个月到头，诸葛田用斧子在第三个银环上剁了一道缝，把它取走了，剩下的是一串两个环的、一串四个环的。

待干完第二个月，诸葛田用上次拿走的那个银环，换了那两个串在一起的银环。

干完了第三个月时，诸葛田又拿走了上个月放回的那个银环。

第四个月，诸葛田再用两个银环和一个银环换走了那连成一串的四个银环。

第五个月，诸葛田又来把那一个银环拿走。

第六个月，诸葛田又用那一个银环换回了两个银环。

第七个月，诸葛田拿走了最后一个银环，也就是剁过一条缝的那个银环。

369. 挂反的门牌

小丽家的门牌号是 1986。

370. 刘小姐的表

正常情况下，每当 12 点时，时针与分针重合，题目中说 65 分钟时（即 1 点 5 分）重合一次，如果走得准，时针的位置应比分针靠前一点。现在时针同分针恰好每 65 分钟重合一次，那么它每小时大约快 27 秒。

371. 试验顺序

根据题意共有 7 种排法：①女女女女；②女女男男；③女女女男；④男男女女；⑤男女女男；⑥男女女女；⑦男男男男。

372. 放乒乓球

第一个盒子可以放 4 个球中的任意一个，第二个盒子可以放其他 3 个球中的任意一个，第三个盒子可以放余下 2 个球中的任意一个，最后一个盒子只能放余下的最后一个球，所有一共有 $4\times3\times2\times1=24$ 种放法。

373. 王子与公主

王子可以将 1 枚金币留在金币盆里，把另外 9 枚金币倒入另一个盆里，这样一个盆里就只有 1 枚金币，另一个盆里就有 10 枚银币和 9 枚金币。如果他选中那个放 1 枚金币的盆，选中金币的几率是 100%；如果选中那个放 19 枚钱币的盆，选中金币的几率最大是 $\frac{9}{19}$。王子选中两个盆的几率都是 $\frac{1}{2}$，所以，把前面的两项结果加起来，得出选中金币的总几率是：$100\%\times\frac{1}{2}+\frac{9}{19}\times\frac{1}{2}=\frac{14}{19}$，这样远远大于原来未调换前的 $\frac{1}{2}$。

374. 摸黑装信

萍萍说得不正确。如果出错的话，至少有 2 封信出错。

375. 贴错的标签

从贴有“白黑”标签的盒子里任意取一个球，就能够分辨出每个盒子中所装的分别是什么球了。

376. 分葡萄

在第 1、第 2、第 3 个盘子里分别放 13 颗葡萄，第 4 至第 11 个盘子中各放 3 颗葡萄，在第 12 个盘子中放余下的 37 颗葡萄。

377. 拔河比赛

根据题意：有甲 + 乙 = 丙 + 丁，丙 + 乙 < 甲 + 丁，甲 < 乙，丙 < 乙；可得：甲 + 乙 − 丙 = 丁，丁 > 乙 + 丙 − 甲；所以甲 > 丙，乙 < 丁。因此，丁组力气最大，乙组第二，甲组第三，丙组力气最小。

378. 扩招

4 年。

根据题意，扩招后第一年的新生入学人数是 400 人，第二年是 500 人，第三年是 600 人，第四年的新生是 700 人。而在第四年，二年级学生为 600 人，三年级学生为 500 人，共计 1800 人，增加了 900 人，实现了翻一番。

379. 小明沏茶

14 分钟。

如果把沏茶前准备的所有时间加在一起，确如小明估算的那样，需用：2+12+2+3+2=21 分钟。但是，我们可以在烧水的同时，做洗茶壶、洗茶杯、拿茶叶等工作，如果是这样，只需要 14 分钟就可以沏茶了。

380. 钓鱼

因为光线通过空气进入水中时，在水面会发生折射，使物体偏离原方向，所以神枪手射了几次都没射中。

381. 小朱的风铃

我们可以仔细分析题意，因为题目并没有要求绳子是直的，所以可以用 5 个风铃花拴在绳上，连成一个圈。

382. 找错误

错数是 170。如果是小数点的错，那么账上多出的钱数是实收的 9 倍，所以 153÷9=17，那么错账应该是 17 的 10 倍，所以找到 170 元改成 17 元就行了。

383. 白鹅和羊

设白鹅为 x 只，羊则为（44–x）只。依题意可列方程：

2x+4×（44–x）=100

x=38

即白鹅有 38 只，羊有 44–38=6（只）。

384. 带来的钱

哥哥给弟弟 35 元后各有钱：240÷2=120（元）

哥哥带的钱数：120+35=155（元）

弟弟带的钱数：120–35=85（元）

385. 放硬币

可以利用平面几何中的中心对称原理玩这个游戏。先放者，首先抢占“对称中心”，即纸的中心。然后，不论对方把硬币放在什么位置，你每次都根据中心对称原理，把硬币放到对方硬币的对称位置上。这样，只要对方有地方放，你也一定会有地方放，直到你占满最后一处空白，逼得对方无处可放，你就取得了胜利。

386. 车站的钟声

从第一下钟声响起，到敲响第 6 下共有 5 个“延时”、5 个“间隔”，共计（3+1）×5=20 秒。当敲响第 6 下后，约翰要判断是否为清晨 6 点，他一定要等到“延时 3 秒”和“间隔 1 秒”都结束后而没有第 7 下敲响，才能准确判断是清晨 6 点。因此，答案应是：（3+1）×6=24（秒）。

387. 牧场的牛

把 10 头牛 22 天吃的总量与 16 头牛 10 天吃的总量相比较，得到的 10×22–16×10=60，是 60 头牛一天吃的草，平均分到（22–10）天里，便知是 5 头牛一天吃的草，也就是每天新长出的草。求出了这个条件，把 25 头牛分成两部分来研究，用 5 头吃掉新长出的草，用 20 头吃掉原有的草，即可求出 25 头牛吃的天数：（10–5）×22÷（25–5）=5.5（天）。

388. 兄弟分银

因为每两个人相差的数量相等，第一与第十、第二与第九、第三与第八……每两个兄弟分到银子的数量和都是 20 两，这样可求出第三个兄弟分到银子的数量：20–6=14（两）。又可推想出，从第三个兄弟到第八个兄弟包含 5 个两人的差。由此便可求出两人相差的银子：（14–6）÷（8–3）=8÷5=1.8（两）。

389. 心算题

正确答案是4100。

其实这道题很容易受心理影响。得到5000这个答案的人都是受到了题目中最大的数字——1000的影响，将原来总和为100的四个两位数的和也误认为是1000。

390. 青蛙和松鼠的比赛

你可能会这么想，松鼠跳得远但是频率慢，青蛙跳得近但是频率快，它们跳6米所用的时间是相同的，所以应该打成平手。但其实这场比赛的胜利者是青蛙。

因为当青蛙跳完第一个100米时，刚好跳了50次，所以往返的全程一共需要跳100次。

松鼠跳第一个100米时，前33次跳了99米，为了最后1米，不得不多跳一次；而在返回时也同样需要跳34次。所以在200米的全程中，松鼠总共需要跳68次，等于青蛙跳102次所用的时间。

391. 三种颜色的球

把1个红球、2个白球、3个黄球看作一组，这一组共有球1+2+3=6（个），那么有130÷（1+2+3）=130÷6=21（组）……4（个）。由1红、2白确定第4个是黄色的。

红球有1×21+1=22（个）

白球有2×21+2=44（个）

黄球有3×21+1=64（个）

所以最后一个是黄色球。红色球有22个，白色球有44个，黄色球有64个。

392. 电话号码

可以将这个城市的电话号码表示为：623□□□□或625□□□□。要使每一部电话号码不出现重复数字，那么0～9剩余的数字在最左边方框可出现7个，顺次为6个、5个、4个。

那么前三位是623的电话部数：

7×6×5×4=840（部）

前三位是623和625的电话部数共有：

840×2=1680（部）

所以这个城市不出现重复数字的电话是1680部。

393. 合适的位置

他和他的5个好友应该站在4、10、15、20、26、30的位置上。

394. 锄草人

根据题意，大块草地上午的工作量是下午的2倍，半组人的日工作效率是大块草地的$\frac{1}{1+2}\div\frac{1}{2}=\frac{2}{3}$，是小草地的$\frac{4}{3}$，那么半组人在小草地工作半天，可以完成小草地的$\frac{4}{3}\times\frac{1}{2}=\frac{2}{3}$，也就是剩余的一小块是小草地的$1-\frac{2}{3}=\frac{1}{3}$，恰好是一个人的日工作效率，$\frac{4}{3}\div\frac{1}{3}\times2=8$人。

这组锄草人总共有8个。

395. 不同金额

用4张一元纸币和2张5元纸币，可以付出1元、2元、3元……13元、14元共14种不同的整元款。

用1角、2角、5角纸币各一张，可以付出1角、2角、3角、5角、6角、7角、8角共7种不同的整角款。

14种整元付款方法中的每一种，都可以和7种整角付款中的每一种结合，又可以付出7×14=98（种）不同的款。

因此，可以付出14+7+98=119（种）不同金额的款。

396. 彩色灯泡

3+4+5=12。按每排12只为一轮。54÷12，商4余6，即按规律排了4轮。再排第5轮到第6只，第6只是黄色灯泡。

158÷12，商13余2，排了13轮后，再排，第2只是红色灯泡。

所以第54只灯泡是黄色的，第158只是红色的。

397. 滚来的乒乓球

找一根细长的棍过来，将乒乓球3从洞里挑出来，顺着1的方向向前滑行，然后1进入洞中。再将2和3一同顺着3的方向滑行，越过沿口。然后1可以出来继续按照原来的方向滚动。2和3沿这3的逆方向滑行，经过洞口，让3仍然进入洞中。最后2沿着它原来的方向继续前行。

398. 三年内的星期天

至少用了156天。

399. 青蛙王子和青蛙公主

青蛙王子应该选择逆时针方向蹦跳，他们分别蹦跳9次以后就能跳在同一块石头上。

400. 爬楼梯

64秒。

因为黄先生从1楼爬到4楼是48秒，所以很多人在看到这个条件后，认为从4楼爬到8楼也需要相同的时间48秒。其实这是不对的。因为从1楼爬到4楼实际上只爬了3层楼，所以，每爬一层楼所需要的时间应该是16秒，如此可以推算，从4楼爬到8楼的时间是64秒。

401. 代数和的奇偶性

偶数。

两个整数之和与这两个整数之差的奇偶性相同，所以在每个数字之前添上正号和负号都不改变其奇偶性，那么就可以用全部加号这一种情况来得出结论，而1+2+3……+1992=(1+1992)+(2+1991)+……=996×1993，是偶数。

402. 小兔的萝卜

把盘子分别编号为A（有3根萝卜）、B（有一根萝卜）、C、D。先从A、B盘中各取出一根萝卜放到C盘中，然后从A、C盘中各取出一根萝卜放到B盘中，再从A、C盘中各取出一根萝卜放到D盘中，接着从B、D盘中各取出一根萝卜放到A盘中，最后把B、D盘中各剩下的一根萝卜都放到A盘中。

403. 出价

出价5001元最为有利。

如果你出价5002元，对方出价5001元，你就必须付给他5001元，这样一来你买下这张一万元的彩票就花了10001元，多花了1元钱。也就是说，出价超过5001元不利，反过来出价少于5000元也不利。如果你出价4999元，在对方出价比你高的情况下，你就亏了1元。

404. 计票

错误出在第5个计票处。

订正前和订正后票数合计为7+27=34，是订正过程中移动的票数，所以就认为第4个计票处（144–110=34）。如果这样想就错了。

我们应该清楚的是，票的移动有正有反，所以实际上真正移动的票数应该是34÷2=17。

所以，146–129=17，错误出在第5个计票处。把第5个计票处的数字订正后再算一下，王艳805票，杨海778票，这样就正确了。

405. 差错出在哪儿

需要清楚的是，苹果为2种，不能够把60简单地用5除，试想60÷5=12，也就是把60个苹果分成12堆去卖，而30个次苹果只能分成10堆。好苹果分完10堆后还剩10个，还可以分成2堆，这2堆的价钱不应该是200日元，而应该是250日元，现在C只管5个一堆，一堆 200 日元，以这种方式去卖，一堆少卖 50 日元，两堆自然就少卖了 100 日元。

406. 黄强的错误

两个五分硬币可能出现四种情况：(1) 正正；(2) 正反；(3) 反正；(4) 反反。

所以两个都出现正面的概率是 1 ∶ 4。

407. 黄金的纯度

22k。因为 24k 是纯金，所以 9k 黄金的纯度为 9÷24=37.5%=0.375。结合题目已知条件，我们可以很快得出答案：0.946×24=22.704，即 22k。

408. 猜扑克牌

红心。

409. 化缘的小和尚

我们可以假想在周一早上 8 点，小和尚下山时，有另一个小和尚同时从山脚下开始往山上走，这样的话，不论两人用怎样的速度行走，总会在山脚和山顶中间的某个位置相遇。当他们相遇时，时间、地点肯定是相同的，也就是说他俩同一时刻到达了山路上的同一点。我们可以把第二个小和尚想象成题目中的那个小和尚，这样，问题就很容易解决了。

410. 移动火柴游戏

按照下列方法移动：

	原来火柴根数	第一步	第二步	第三步
第一堆	11	11 − 7=4	4(不变)	4 + 4=8
第二堆	7	7 + 7=14	14 − 6=8	8(不变)
第三堆	6	6(不变)	6 + 6=12	12 − 4=8

411. 取苹果

(1) 至少要取 4 个，因为苹果一共有三个等级，取 4 个苹果就一定有两个是同一等级的。

(2) 至少要取 7 个，就能保证有 3 个同一等级的苹果。

412. 黄雀和知更鸟

关黄雀和知更鸟的笼子放在从左至右第七和第十四个位置上。

413. 聪明的小弟弟

在最后一次交换苹果时，每个人有 8 个苹果。因此大哥在把自己的一半苹果平均分给两个弟弟之前，他有 16 个苹果，而二哥与小弟各有 4 个苹果。二哥在分自己的苹果之前有 8 个，大哥有 14 个，小弟弟有 2 个。由此我们可以得出，小弟在分自己的苹果之前有 4 个，二哥有 7 个，大哥有 13 个。根据题意，开始每人得到的苹果的个数，是自己三年前的岁数，所以现在小弟弟是 7 岁，二哥是 10 岁，大哥是 16 岁。

414. 怎样分装盘子

这个人把 10 个箱子分别标上从 1 到 10 的 10 个号码，再在这 10 个箱子里，依次装进 1、2、4、8、16、32、64、128、256、489 个盘子。

如果你要借一个盘子，他就拿 1 号箱子给你。如果要借的盘子数不足 8 个，他只要在 1 到 3 号箱子间计算一下，就如数拿出来了。以此类推。如果要借的盘子数少于 512 只，只要在 1 到 9 号箱子间计算就可以了。因为一个自然数都可以用 1、2、4、8、16、32……数中若干个数的和来表示。

根据这个道理再计算一下：1+2+4+8+16+32+64+128+256+512=1023。

然而，分装 1000 个盘子，并不是单纯从数学角度来处理的，不然的话，盘子数应该改为 1023。

大家都知道，常用的记数制是采用逢十进一的十进位制，因此只要数码 1 到 10，再加上一个 0，就可以将任何一个自然数表示出来。可见这个分装盘子的方法，就是记数制的原理。

415. 谁先拾到救生圈

从救生圈与船的位置来说，顺水航行的船虽然获得了水的流速，但是救生圈漂移的速度等于水流的速度，所以等于没有获得水流的速度。对逆水航行的船来说，虽然失去了水的流速，但加上救生圈的速度，等于没有失去速度。类似于这两艘船在静水中航行那样，而救生圈停留在一个地方。因此，两艘船调头改变方向航行到救生圈的地方，都需要 1 小时。

416. 飞行的飞机

由题目已知条件可知，飞机在顺风时受到的推力和在逆风时受到的阻力是一样的。这样很多人就会认为飞机往返航程所需要的时间和原来无风速时所需要的时间是一样的。然而这个结论并不正确，我们必须认真分析这个问题。飞机在顺风时飞完一半航程所需要的时间比在逆风时飞完另一半航程所需要的时间少。也就是说，在往返航程中，飞机在逆风中航行的时间会更多一些，因此，飞机在有风但风速不变的情况下往返航程所需要的时间，比无风速时所需要的时间要多。

417. 植树苗

十六株树杆成十行：（4 个横行，4 个竖行，2 个斜行）。

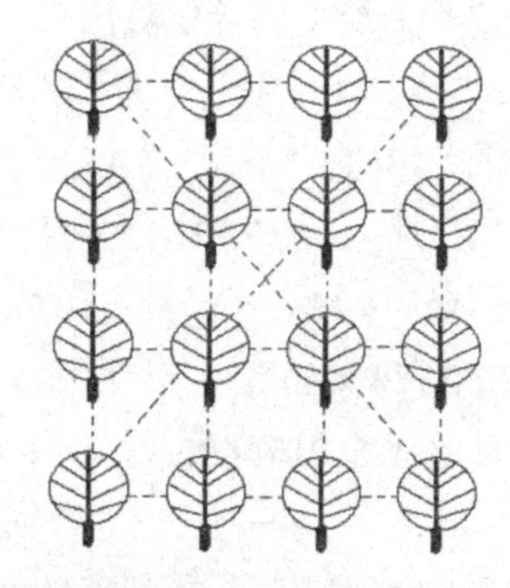

十二株树植成六行：

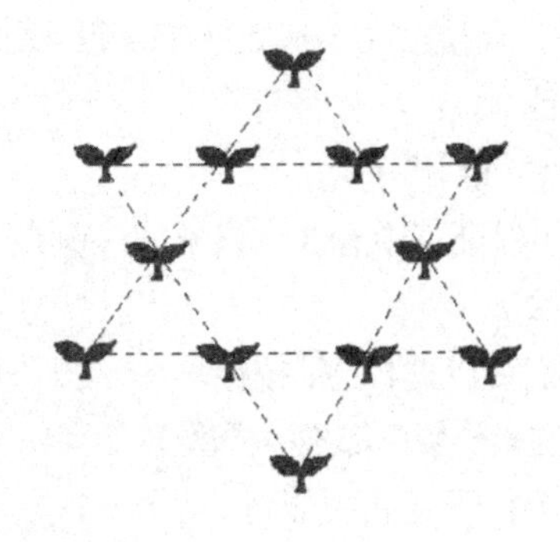

十株树植成五行：

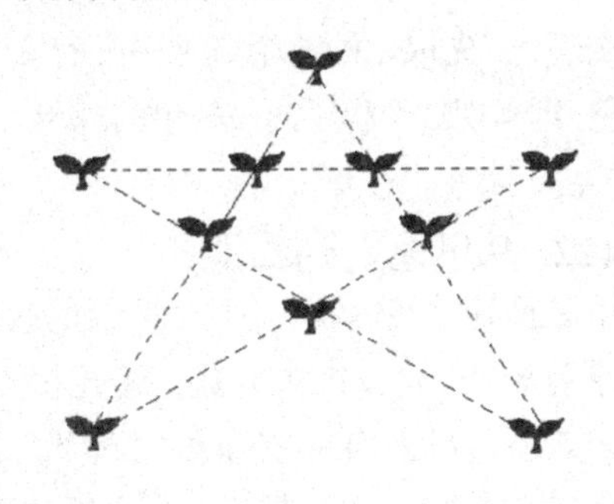

418. 乞讨者

商人每周要布施给乞讨者 120 美元，那批人原来有 20 名。

419. 两只手表

一只手表比另一只手表每小时快 3 分钟，所以经过 20 小时之后，它们的时差为 1 小时。

420. 名次与分数

获第三名的学生 C 得 4 分。

因为每盘得分不是 2 分就是 0 分，所以每个人的得分一定是偶数。根据比赛规则，五个学生一共要赛 10 盘，每盘胜者得 2 分，共得了 20 分。每名学生只赛 4 盘，得分最多的是 8 分。我们知道，并列第一名的两个学生不能都得 8 分，因为他们两人之间比赛的负者最多只能得

6分，由此可以得知，并列第一的两个学生每人最多各得6分。同理，并列第四的两个学生也不可能都得0分，因此他们两人最少各得2分。

这样，从上面的分析中我们可得出获第三名的学生C不可能得6分或2分，只能得4分。

421. 拿棋子

为了保证其中有3个棋子同一颜色，至少要拿7次。

我们可以这样想：按最坏的情况，小红每次拿出的棋子颜色都不一样，但从第4次开始，将有2个棋子是同一颜色；到第6次，三种颜色的棋子各有2个；当第7次取出棋子时，不管是什么颜色，先取出的6个棋子中必有2个与它同色，即出现3个棋子同一颜色的现象。

422. 从甲地走到乙地

甲、乙两地之间虽然没有可以吃饭的饭馆，但是小刚却可以将盒饭在半途上放下来：①小刚带着4个盒饭来到50公里处时放下盒饭，然后回到甲地；②小刚又带着4个盒饭来到50公里处，将盒饭放下，回到甲地……小刚第n次带着4个盒饭来到50公里处，将盒饭放下，再次回到甲地，这时那里已有盒饭4×n个了；如此继续下去，小刚终于可以在某个时候做到，将4个盒饭带到离甲城100公里处，然后放下盒饭，回到前一站，在那里吃饱饭，使得再回到100公里处时，小刚不但可以将饭吃饱，还可以带上预先放在那里的4个盒饭，这回小刚可以走到乙地了。

423. 棋盘上的麦子

我们可以按照聪明大臣的要求把计算结果算出来：$1+2+2^2\cdots\cdots+2^{63}$ = 18, 446, 744, 073, 709, 551, 615。

这个数字到底有多大呢？我们可以这样解释：一立方米麦粒大约有1500万粒，那么照这样计算，那位大臣所要的放在棋盘上的麦粒总和是12000亿立方米，这些麦子比全世界1000年生产的麦子总和还要多。

424. 亮亮的手表

亮亮的手表是不准的。手表准不准应与标准时间相比较，而不能与闹钟比。

闹钟走1小时比标准时间慢30秒，也就是标准时间1小时，闹钟走59分30秒（3570秒）。手表比闹钟快30秒，手表走1时30秒（3630秒），闹钟走1小时。把手表与闹钟都与标准时间相比较。假设手表走x秒相当于闹钟的3570秒，标准时间为3600秒，可以算出标准时间1小时手表走的秒数：

$$\frac{3630}{3600}=\frac{x}{3570}$$

$$x=\frac{3630\times3570}{3600}$$

$$x=3599.75$$

所以，标准时间1小时，手表只走了3599.75秒，比标准时间慢了0.25秒。所以我们就能够知道手表不准。

从8点到12点，总共有4个小时，手表慢了0.25×4=1（秒）。所以12点的时候，手表指的时间是11点59分59秒。

425. 老鼠的繁殖

12月生了27682574402只老鼠。现在我们把一年里12个月所生的老鼠算出来：

正月：14　2月：98　3月：686　4月：4802　5月：33614　6月：235298　7月：1647086　8月：11529602　9月：8707214　10月：564950498　11月：3954653486　12月：27682574402

12个月是27682574402只，这个数字真是太大了。

现在我们可以用一个简便的方法算出来：用2连续乘以7的方法去计算，就是过了几个月就在 2 后连续乘以几个 7。

426. 装橘子

只有一种装法：即 6 个篮子装的橘子数分别是 60、16、6、6、6、6。

要保证把 100 个橘子分装在 6 个篮子里，每个篮子里所装的橘子数都要含有数字 6，而 100 的个位是 0，所以 6 个数的个位不能都是 6，只能有 5 个 6，即 6×5=30；又因为 6 个数的十位上数字和不能大于 10，所以十位上最多有一个 6；而个位照上面的分法已占去 30 个橘子了，所以目前十位上的数字和不能大于 7，也只能有一个 6，就是 60 个橘子。这样十位上还差 1，把它补进去出现一个 16，即 60、16、6、6、6、6。

427. 分花生

从题目中的已知条件我们可以知道，当二哥拿 4 颗糖果的时候，大哥拿 3 颗；当二哥得到 6 颗的时候，小弟弟可以拿 7 颗，那么孩子们的分配比例应为 9 ∶ 12 ∶ 14。9+12+14=35，因此，也就是说把 770 颗糖果分成 35 份，大哥要 35 份当中的 9 份，二哥分得 35 份当中的 12 份，小弟弟分到 35 份中的 14 份。所以大哥得到了 198 颗，二哥分到 264 颗，小弟弟分到 308 颗。

428. 比枪法

汤姆应该先放空枪。

如果先射击“枪神”，打中的话，“枪圣”就会在 2 枪之内把他打死；如果先射“枪圣”，射中的话，“枪神”会一枪把他打死。如果先射“枪圣”而未中，“枪神”就会先射“枪圣”，然后对付汤姆。假如射中了“枪神”，“枪圣”赢汤姆的几率是$\frac{6}{7}$，而汤姆赢的几率是$\frac{1}{7}$。

假如汤姆先放空枪，那么下一步要对付的就是其中一个人了。如果“枪圣”活着，汤姆赢的几率是$\frac{3}{7}$。如果“枪圣”没有将“枪神”打中，“枪神”就会一枪打中他，此时汤姆的胜算是$\frac{1}{3}$。汤姆先放空枪，他的胜算会提高到约 40%，而“枪神”“枪圣”胜算是 22%、38%。

429. 分苹果

我们假设这些苹果有 x 个，直接求 x 有些难度，但是，如果把 x 加上一个 1，用 x+1 去除 10、9、8……3、2 这些数，正好能被这些数整除，没有余数。于是，问题就明朗了，一个数能被 10、9、8……3、2 整除，这个数不就是它们的最小公倍数吗！

10、9、8……3、2 的最小公倍数是：5×8×7×9=2520。既然 x+1=2520，于是 x=2519，所以这些苹果共有 2519 个，或者是 2520 的某个倍数，如 5040、7560 等，这样的话，苹果共有 5039 或 7559 个了。

430. 农夫分油

农夫先从大桶中倒出 5 千克油到 9 千克的桶里，再从大桶里倒出 5 千克油到 5 千克的桶里，然后把 5 千克桶里的油将 9 千克的桶灌满。现在，大桶里有 2 千克油，9 千克的桶已装满，5 千克的桶里有 1 千克油。

再将 9 千克桶里的油全部倒回大桶里，大桶里有了 11 千克油。把 5 千克桶里的 1 千克油倒进 9 千克桶里，再从大桶里倒出 5 千克油，现在大桶里有 6 千克油，而另外 6 千克油也被换成了 1 千克和 5 千克两份。

431. 盗墓者被抓

我们都知道，单数和单数相加得出的和一定是双数。而根据盗墓者的描述，假如 100 这个数可以分成 25 个单数的话，那么就是说 25 个单数的和等于 100，即等于双数了，很明显这是不成立的。

事实上，25 个人如果偷的都是单数的话，那么这里面就有24个单数，即12对单数，另外还有一个单数。每一对单数的和是双数——12对单数相加，它的和也是双数，再加上一个单数得出的和不可能是双数，因此，100块壁画分给25个人，每个人不可能都分到单数。据此可以判断盗墓者在说谎。

432. 老人分水

先从水瓶中倒出3斤水装满小瓶，然后把小瓶里的3斤水倒入大瓶；再次从水瓶中倒3斤水装满小瓶，再把小瓶里的水倒满大瓶。由于大瓶只能装5斤水，所以这时小瓶中剩下1斤水。把大瓶里的5斤水倒回水瓶里，这时水瓶里一共有7斤水；把小瓶里的1斤水倒入大瓶；第三次从水瓶中倒3斤水装满小瓶，这时水瓶里就剩下4斤水了；把小瓶里的3斤水倒入大瓶，加上大瓶中原有的1斤水，刚好也是4斤水。经过这些步骤，8斤水就平分了。

433. 同一个属相

属相一共有12个，假设答案是2个人时，拥有不同属相的几率是$\frac{12}{12}\times\frac{11}{12}$=92%。而3个人拥有不同属相的几率是$\frac{12}{12}\times\frac{11}{12}\times\frac{10}{12}$=76%。以此类推，当人群中有5个人时，拥有不同属相的几率是38%。5个人拥有不同属相的几率是38%，那么其中最少有2个人是相同属相的几率就是62%。所以答案是至少在5个人以上的群体中，其中有两个人出生在同一个属相上的几率，要高于每个人的属相都不同的几率。

434. 安排劳动力

首先假定汽车往返于运输公司和施工工地之间，一次需要半小时。如果分成两组的话，前半个小时每组各装好了1车，后半小时等待汽车往返，工人在这段时间休息，因此用这一方法时，1小时内装了2车，运了2车。

若10个人一起装车，15分钟就可以将第一辆车装好，车子立即开出；第二个15分钟，这10人再将第二辆车装好，车子又开往工地；第三个15分钟由于两车都在路上，所以工人休息；第四个15分钟工人开始装已经返回的第一辆车。用这种方法，1小时内装了3车，运了2车。

所以很明显，第二种方法效率高，第一种方法浪费了汽车在路途上的时间。

435. 店老板的难题

店老板先倒5升的牛奶到小林的瓶子里，然后把这些牛奶倒到小花的瓶子里，那么小林的瓶子里还剩下1升，再把小花的瓶子里的4升倒回一半到老板的桶里，再把小林瓶子中的1升倒在小花的瓶子里，小花就得到她想要的牛奶了。现在牛奶桶里还剩下18升牛奶，老板把这些牛奶倒在小林的瓶子里，倒满就好了。

436. 酒精和水

第二次取出的那杯混合液，因为它和第一杯体积相等，都设为a。假设这杯混合液中酒精所占体积为b，那么倒入第一瓶酒精的水的体积是a–b。第一次倒入水的酒精为a，第二次倒出b体积酒精，则水里还剩a–b体积酒精。所以酒精瓶里的水和水瓶里的酒精一样多。

437. 交友舞会

题目中强调的是用随意的方式将32个人分成一对一对的舞伴，每对至少有一位是女性；也就是说，在这任意搭配的16对中，绝对不会出现两个都是男性的搭配，当然也可能有2位或更多的男性均分在每对舞伴中，但题目强调的是，通过任意次的分配，都能保证总是每对中至少有1位是女性。所以，本题根据这个条件可以判断，参加舞会的男性只有1位，其余31位都是女性。

438. 分中药

首先，分别将5公斤和9公斤的砝码放在天平的两个盘中，然后在放有5公斤砝码的盘中慢慢地将中药加进去，直到天平平衡，这些中药便是4公斤。

然后，用这包4公斤的中药做砝码，在天平上将剩下的中药均分成4包，每包都是4公斤。

最后，将这样的5包4公斤的中药逐包一分为二，于是就得到10包重量均为2公斤的中药。

439. 巧取药粉

首先，把20克的砝码放在天平一边的托盘里，把药粉分成两份，放在天平两边的托盘里。通过增减两边的药粉使天平达到平衡。这时，天平上没有砝码的一边的药粉重45克，而有砝码一边的重25克。

分别将两边的药粉取下，天平一边仍放20克砝码，另一边放25克药粉，并从中不断取出药粉收集起来，使天平再次平衡。

这时天平上的药粉有20克，而最后取下来的药粉正好5克。

440. 杰米的儿子

我们可以先把他们所钓鱼的条数的个位数字相加，这四个数字的末位数的和为2+3+3+4=12，也就是说钓鱼总数个位数字是2，但根据条件所说，我们发现没有一个自然数的平方的末位数字是2。由此我们可以判断出参加钓鱼的一定是三个人，而不可能是四个人。其中有一个人既是父亲，又是儿子。这个人就是个位数字跟杰米的儿子相同的吉米。所以我们知道了杰米的儿子是吉米。

441. 外星人的手指

我们首先可以假设房间里有240根手指，则可能是20个外星人，每人12根手指；或者是12个外星人，每人20根手指。但这无法确定一个唯一的答案，所以应去除所有能被分解为不同因数的数字（即除质数和完全平方数以外的所有数）。

现在我们再来考虑质数：可能会是1个外星人，每人有229根手指，但是根据第一句话，这种情况不可能；可能是229个外星人，每人有1根手指，但根据第二句话，这种情况又不可能。所以，我们又去除了所有质数，就只剩下平方数了。

在200和300之间符合条件的只有一个平方数，就是289（17^2）。所以在房间里共有17位有着17个手指的外星人。

442. 妙招数人

设人们排成3、5、7行的列数为x、y、z，总人数为a，可以写出以下方程：$3x+2=5y+2=7z+2=a$，即$3x=5y=7z=a-2$。

也就是说$x=\frac{5}{3}y$。

据$3x=7z$，可以得到：$z=\frac{3}{7}$，$x=\frac{5}{7}y$。

显然，只要y是3和7的公倍数，x和z就为整数；而y是有范围的：

$107 \geqslant a \geqslant 2a=5y+2$，故$107 \geqslant 5y+2 \geqslant 2$，即$21 \geqslant y \geqslant O$，$y=0$不合题意，$y=21$。

所以人事经理可以很快地算出人数：$a=5y+2=5\times21+2=107$。

443. 豆豆和小小

大家都知道，直线上有无穷多个点，但直线上不存在两个相邻最近的点。倘若a与b是两个这样的点，那么$c=\frac{a+b}{2}$便是离它们更近的点。如此推断，豆豆和小小永远都没有办法走到一起。当然，这个在现实生活中指的只是两个人能接触到就好了，但在数学领域中，在同一条直线上根本不会有真正意义上相接近的点。

444. 霞霞的奶糖

通过动手排列，你也许会觉得，要把这10枚硬币按霞霞的爸爸妈妈的要求排列出来是不可能的，但其实你却忽略了其中重要的一点：爸爸妈妈的要求里并没有限制每一个位置上只准放一枚硬币，所以你可能会想到在“十”字的中心位置摆两枚硬币，这样就能符合要求了，不论横竖都是6枚硬币了。

445. 买邮票

根据题目中的要求，三种邮票必须一样多，那么可以把它们看成一套，所以用90÷（3+4+8）=6，即可知道用这9元钱可以买6“套”邮票，每套邮票3张，那么小军一共可以买来6×3=18张邮票。

446. 过桥方案

我们可以这样解决：首先让两个走得最慢的人同时过桥，这样他们所用的时间只是走得最慢的那个人所用的时间，次慢的人就不用再多花时间过桥了。所以，可以让小露和鹏鹏一起过桥，他们共用4分钟；这时让鹏鹏留在桥边，小露返回用3分钟。小宁和娟娟再一同过桥用9分钟，这时留在桥那边的鹏鹏再用4分钟返回来。最后，小露和鹏鹏再用4分钟过桥。那么他们四个人全部过桥来一共花4+3+9+4+4=24分钟。

447. 登台阶

我们可以这样来考虑，如果小强和小虎各赢一次的话，这时小强为5–3=2，小虎为–3+5=2，也就是说相对位置不变，所以小强对小虎的净胜次数为40÷8=5次，其余的20次都是各有输赢。假设前20次都是各有输赢，那么两个人都在50+10×2=70阶上。小强再胜5次，所以台阶数为70+5×5=95。小虎输5次，台阶数为70–3×5=55。

448. 测时间

题目要求用两个小计时器测量18分钟的时间，那么我们可以考虑把两个沙漏计时器交互翻转使用。首先同时让10分钟和7分钟的沙漏计时器开始计时。7分计时器的沙子漏完的同时，将它翻转过来。10分计时器的沙子漏完的同时，也将它翻转过来。7分计时器沙子再次漏完的同时，不翻转7分计时器，而是把10分计时器翻转过来。10分计时器的沙子再次漏完的时候，就是由开始到此时的18分钟。

449. 数学考试

少错一道题，也就是再加5+3=8分，她才能及格，所以小王得了52分。设小王做对了x题，那么她做错的题是20–x，且有5x–3×（20–x）=52。解方程得x=14，所以小王答对了14道题。

450. 盐水浓度

最后杯中盐水的体积还是100毫升。此题解答的关键在于算出最后盐水中盐的质量。

最开始杯中的含盐量是：100×80%=80（克）。

第一次倒入清水后的含盐量是：80–40×80%=48（克），盐水的浓度是：$\frac{48}{100}$×100%=48%；

第二次倒入清水后的含盐量是：48–40×48%=28.8（克），盐水的浓度是：$\frac{28.8}{100}$×100%=28.8%；

第三次倒入清水后的含盐量是：28.8–40×28.8%=17.28（克），盐水的浓度是：$\frac{17.28}{100}$×100%=17.28%。

451. 步行时间

根据题目条件，他们的车是提前10分钟到家的，这说明这天这辆车比以前往返家和火车站所需时间少了10分钟，又因为老刘夫人驾车速度不变，所以从驾车离家遇上老刘所用的驾驶时间，比通常由家抵达火车站所需的时间少5分钟。以前她到达火车站的时间是五点钟，因此，这天她是4点55分遇上老刘的。又因为老刘是四点走出火车站的，所以老刘步行的时间为55分钟。

452. 古董商的钱币

我们可以假设其中一枚古币收购时花了x元，另一枚古币花了y元，那么根据题意列方程：

$x(1+20\%)=60$，$y(1-20\%)=60$

得 $x=50$，$y=75$，$x+y=125$

所以我们可以知道古董商赔了5元。

453. 分钟和时钟

假设分钟速度为1，则时针速度就为$\frac{1}{12}$。依题意，小明回来时，分钟共比时针多走了 $110+110=220$，相当于 $220\div30=\frac{22}{3}$（大格），所以有：$\frac{22}{3}\div(1-\frac{1}{12})=8$（大格）。$8\times5=40$（分钟），即小明出去了40分钟。

454. 水桶里的水

从数字上计算，每天增加4米，桶深为25米，那么水从桶边最初溢出的时间应该是第7天。但是，我们一定要从题意出发。

按正常计算，第5天的水位是20米，第6天从午前零点到午后6点，水要增加6米，水位超过了桶深，所以水最初从桶边溢出来的时间是第6天，过了午后3点。

455. 硬币数量

把不同币值的硬币平均分成4份、5份、6份（把平均分的4堆中的两堆可以平均分成3份，另外2堆也一样可以分成3份，所以说一共可以分成6份），这样，每一种硬币至少有60枚。

456. 做数学题

把四年级的100人，按每个组3个人来分，可以分成33组还剩下1人。假设第一组3个人都没做题；第二组每人都做1道题；第三组每人都做2道题；……这样第33组每人都做32道题。剩下的1个人要是和前面的99人做的题数不一样，那么至少也要做33道题。这样100人共做了：

$3\times(0+1+2+3+\cdots\cdots+31+32)+33=1617$（题）

上面的结果超过了1600题。如果想要它不超过1600题，必须有1个同学或更多的同学少做题，合起来一共要少做17道题。其实只要有1个同学少做题，那么就可以将这个同学归到做题少的那组去。这样一来，那个组做的题数一样多的人就会有4个。这就是说，这100个同学中，至少有4个人做的数学题一样多。

457. 长跑训练

根据题意，小明在跑1、3、5……分钟时，每次按逆时针方向，比前一次增加120米。他停止练习时，那次是按逆时针方向跑，并离开起点的距离应是120和400的最小公倍数，即1200米。于是得出他沿逆时针方向跑了 $1200\div120=10$（次）。他停止练习前那次跑了 $10\times2-1=19$（分钟），他一共跑了 $1+2+3+\cdots\cdots+19=190$（分钟），即3小时10分，由此可求出停止练习时的时刻（11时30分）和停止练习时他一共跑了的路程：$120\times190=22800$（米）。

即小明停止练习时是11时30分，他一共跑了22800米。

458. 铅笔的数量

这道题我们可以采用倒推的办法，找出答案来。

根据题意可知，两人所有的铅笔总支数（72支）是不变的；又可知最后小明手中铅笔的支数是小华手中铅笔支数的8倍。这样我们可以求出最后两人手中铅笔的支数。

小华最后手中铅笔的支数是：

72÷（8+1）=8（支）

小明最后手中铅笔的支数是：

8×8=64（支）

接着倒推回去，就可以求出两人最初各有铅笔多少支了。

小明最初有26支铅笔，小华最初有46支铅笔。

459. 白球黑球

每次从盒中拿出两个球放在外面，那么白球只有两种结果：少两个或一个也不少。同样黑球也只有两种结果：少一个或多一个。根据上面的分析我们得知：如果白球数量为单数，那么最后一个白球是永远拿不出去的（最后一次除去），其几率是100%；如果白球为双数，那么白球就会剩2个或1个也不剩，其几率是0。

460. 最后一本

要取到最后一本，就必须想办法使对方取倒数第6本。而要使对方取倒数第6本，又要使对方取倒数第12本。这样，对方分别取1、2、3、4、5本时，自己可以分别取5、4、3、2、1本，结果对方必须取倒数第6本，最后自己就能取到最后一本。

由此倒推上去，可知要取得胜利，必须让对方取倒数第6、12、18、24、36、42、48、54本，即顺数第1、7、13、19、25、31、37、43、49本。

由上述可知，这个问题对于知道其中的奥秘的人来说，后取者必胜。但如果不知道其中的窍门，任意乱取，那么胜负就难定了。

461. 红铅笔与黑铅笔

可以从贴有“红、黑”纸片的铅笔盒子里，任意摸出一支铅笔来看一下，再根据下面的思路进行分析。

原来三个盒子里分别装着两支红、一红一黑、两支黑共六支铅笔。将这六支铅笔（三红、三黑）分别装在三个盒子里，每个盒子装两支，那么，不管怎么装，只能要么每个盒子都是一红一黑，要么就是三个盒子分别为两红、一红一黑、两黑。既然李老师调整以后每个盒子仍然是各装两支铅笔，而且没有一个实际装的铅笔是与纸片的说明相符合的，那么就排除了每个都是一红一黑的可能性（因为原来有一只是一红一黑的），只可能是三个盒子分别装有两红、一红一黑、两黑这种情况。而且我们还可以断定，标有“红、黑”的铅笔盒子里，要么装的都是红铅笔，要么都是黑铅笔。因此，如果从标有“红、黑”的盒子里拿出来的是一支红铅笔，我们就可以立刻判断出里面装的另一支也一定是红铅笔。这样，由于标有“黑、黑”的盒子里不可能装的是两支黑铅笔，根据刚才的分析又知道也不会是两支红铅笔，那么装的必定是一支红铅笔和一支黑铅笔。最后剩下来的标有“红、红”的盒子，装的当然是两支黑铅笔。

如果一开始从标有“红、黑”的铅笔盒子里拿出来的是一支黑铅笔，根据同样的思路，也很容易断定每个盒子里实际放的是哪两种铅笔。

462. 粗心的钟表师傅

问题就出在钟表师傅将时针和分针装反了，时针装在分针轴上，而分针却装到了时针轴上去了。那么，为什么钟表师傅几次来看时，钟却是准的呢？

钟表师傅第一次将钟拨到6点，当他第二次来到老张家时，时间是8点10分。这时时针已走了2圈还多10分，所以到8字超过一些，而分针应从12点走到2字超过一些，所以钟上所指的时间没有错。

第二天早上7点多时，时针已走了13圈多一些，应指到7点，而分针从12点走了一圈以后又走到1点。所以在这时，7点05分也是对的。

当然，这两个时刻都是巧合，只要过几分钟，这两根针装反了的毛病就不难发现了。